中华传统都市文化丛书

总主编 杨晓霭

服饰变化与城市形象

服饰

王旸之 著

U0312680

兰州大学出版社
LANZHOU UNIVERSITY PRESS

图书在版编目（ＣＩＰ）数据

服饰变化与城市形象 ：服饰 / 王旸之著. -- 兰州 ：
兰州大学出版社，2015.5（2019.9重印）
（中华传统都市文化丛书 / 杨晓霭主编）
ISBN 978-7-311-04750-4

Ⅰ．①服… Ⅱ．①王… Ⅲ．①服饰文化－研究－中国
Ⅳ．①TS941.12

中国版本图书馆CIP数据核字(2015)第106415号

策划编辑　梁建萍
责任编辑　武素珍
封面设计　郇　海

书　　名　服饰变化与城市形象:服饰
作　　者　王旸之　著
出版发行　兰州大学出版社　（地址:兰州市天水南路222号　730000）
电　　话　0931-8912613(总编办公室)　0931-8617156(营销中心)
　　　　　0931-8914298(读者服务部)
网　　址　http://press.lzu.edu.cn
电子信箱　press@lzu.edu.cn
印　　刷　三河市金元印装有限公司
开　　本　710 mm×1020 mm　1/16
印　　张　13.25
字　　数　202千
版　　次　2015年7月第1版
印　　次　2019年9月第3次印刷
书　　号　ISBN 978-7-311-04750-4
定　　价　29.00元

总 序
——都市文化的魅力

杨晓霭

关于城市、都市的定义，人们从政治、经济、军事、社会、地理、历史等不同角度所做的解释已有三十多种。从城市社会学的历史视角考察，城市与都市在概念上的区别就是，都市是人类城市历史发展的高级空间形态。在世界城市化发展进程已有两百多年历史的今天，建设国际化大都市俨然成为人们最为甜美的梦。这正是本丛书命名为"都市文化"的初衷。

什么是都市文化，专家们各执己见。问问日复一日生活在都市中的人们，恐怕谁也很难说得清楚。但是人们用了一个非常形象的比喻来形容，说现代都市就像一口"煮开了的大锅"——沸腾？炽烈？流光溢彩？光怪陆离？恐惧？向往？好奇？神秘？也许有永远说不明白的滋味，有永远难以描摹的情境！无论怎样，只要看到"城市""都市"这样的字眼，从农耕文明中生长、成长起来的人们，一定会有诸多的感叹、赞许。这种感叹、赞许，渗透在人类的血脉中，流淌于民族历史的长河里。

一、远古的歌唱

关于"都""城""市"，翻开词典，看到的解释，与人们想象的一样异彩纷呈。摘抄几条，以资参考。都[dū]：(1)古称建有宗庙的城邑。之所以把建有宗庙的城邑称为"都"，是因为它地位的尊贵。(2)国都，京都。(3)大城市，著名城市。城[chéng]：(1)都邑四周的墙垣。一般分两重，里面的叫城，外面的叫郭。城字单用时，多包含城与郭。城、郭对举时只指城。(2)城池，城市。(3)犹"国"。古代王朝领地、诸侯封地、卿大夫采邑，都以有城垣的都邑为中心，皆可称城。(4)唐要塞设守之处。(5)筑城。(6)守卫城池。市[shì]：(1)临时或定期集中一地进行的贸易活动。(2)指城市中划定的贸易之所或商业区。(3)泛指城中店铺较多的街道或临街的地方。(4)集镇，城镇。(5)现

代行政区划单位。(6)泛指城市。(7)比喻人或物类会聚而成的场面。(8)指聚集。(9)做买卖,贸易。(10)引申指为某种目的而进行交易。(11)购买。(12)卖,卖出。把"都""城""市"三个字的意义结合起来,归纳一下,便会看到中心内容在"尊贵""显要""贸易""喧闹",由这些特点所构成的城市文化、都市文化,与乡、野、村、鄙,形成鲜明对照。而且对都、城、市之向往,源远流长,浸润人心。在中国最早的诗歌总集《诗经》中,我们就聆听到了这样的歌唱:

> 文王有声,遹骏有声。遹求厥宁,遹观厥成。文王烝哉!
> 文王受命,有此武功。既伐于崇,作邑于丰。文王烝哉!
> 筑城伊淢,作丰伊匹。匪棘其欲,遹追来孝。王后烝哉!
> 王公伊濯,维丰之垣。四方攸同,王后维翰。王后烝哉!
> 丰水东注,维禹之绩。四方攸同,皇王维辟。皇王烝哉!
> 镐京辟雍,自西自东,自南自北,无思不服。皇王烝哉!
> 考卜维王,宅是镐京。维龟正之,武王成之。武王烝哉!
> 丰水有芑,武王岂不仕?诒厥孙谋,以燕翼子。武王烝哉!

这首诗中,文王指周王朝的奠基者姬昌。崇为古国名,是商的盟国,在今陕西省西安市沣水西。丰为地名,在今陕西省西安市沣水以西。伊,意为修筑。淢通"洫",指护城河。匹,高亨《诗经今注》中说:"匹,疑作兒,形近而误。兒是貌的古字。貌借为庙。"辟指天子,君主。镐京为西周国都,故址在今陕西省西安市西南沣水东岸。周武王既灭商,自酆徙都于此,谓之宗周,又称西都。芑通"杞",指杞柳,是一种落叶乔木,枝条细长柔韧,可编织箱筐等器物,也称红皮柳。翼子的意思是,翼助子孙。全诗的大意是:

> 文王有声望,美名永传扬。他为天下求安宁,他让国家安泰盛昌。文王真是我们的好君王!
> 文王遵照上天指令,讨伐四方建立武功。举兵攻克崇国,建立都城丰邑。文王真是我们的好君王!
> 筑起高高的城墙,挖出深深的城池,丰邑都城里宗庙高耸巍巍望。不改祖宗好传统,追效祖先树榜样。文王真是我们的好君王!
> 各地公爵四处侯王,犹如丰邑的垣墙。四面八方来归附,辅佐君王成大业。文王真是我们的好君王!
> 丰水向东浩浩荡荡,治水大禹是榜样。四面八方来归附,武王君主承先王。武王真是我们的好君王!
> 镐京里建成辟雍,礼乐推行,教化宣德。从西方向东方,从南面往

北面，没有人不服从我周邦。武王真是我们的好君王！

占卜测问求吉祥，定都镐京好地方。依靠神龟正方位，武王筑城堪颂扬。武王真是我们的好君王！

丰水边上杞柳成行，武王难道不问不察？心怀仁义留谋略，安助子孙享慈爱。武王真是我们的好君王！

研究《诗经》的专家一致认为，这首《文王有声》歌颂的是西周的创业主文王和建立者武王，清人方玉润肯定地说："此诗专以迁都定鼎为言。"（《诗经原始》）文、武二王完成统一大业的丰功伟绩，在周人看来，最值得颂扬的圣明之处就是"作邑于丰"和"宅是镐京"。远在三千多年前的上古，先民们尚处于半游牧、半农耕的生活时期，居无定所，他们总是在耗尽了当地的资源之后，再迁移到其他地方。比如夏部族不断迁徙，被称作"大邑"的地方换了十七处；继夏而起的商，五次迁"都"，频遭乱离征伐之苦。因此，能否建"都"定"都"，享受稳定安逸的生活，成了人民的殷切期望。商朝时"盘庚迁殷"，"百姓由宁"，"诸侯来朝"，传位八代十二王，历时273年，成为历史佳话。正是在长期定居的条件下，兼具象形、会意、形声造字特点的甲骨文出现。文字的发明和使用，使"迁殷"的商代生民率先"有典有册"，引领"中国"跨入文明社会的门槛。而西周首都镐京的确立，被看成是中国远古王朝进入鼎盛时期的标志。"维新"的周人，在因袭殷商文化的同时，力求创新，"制礼作乐"，奠定了中华文化的基础。周平王的迁都洛邑，更是揭开了春秋战国的帷幕，气象恢宏的"百家争鸣"，孔子、老子、庄子等诸子学说的创立，使华夏文化快速跃进以至成熟质变，迈步走向人类文明的"轴心时代"。

一个都城的建设，凝聚着智慧，充满着憧憬。《周礼·冬官·考工记》曰："匠人建国，水地以悬，置槷以悬，眡以景。为规识日出之景与日入之景，昼参诸日中之景，夜考之极星，以正朝夕。匠人营国，方九里，旁三门，国中九经、九纬，经涂九轨。左祖右社，面朝后市，市朝一夫。"（《周礼注疏》，十三经注疏本，中华书局，1986年影印本，第927页）意思是说，匠人建造都城，用立柱悬水法测量地平，用悬绳的方法设置垂直的木柱，用来观察日影，辨别方向。以所树木柱为圆心画圆，记下日出时木柱在圆上的投影与日落时木柱在圆上的投影，这样来确定东西方向。白天参考正中午时的日影，夜里参考北极星，以确定正南北和正东西的方向。匠人营建都城，九里见方，都城的四边每边三门。都城中有九条南北大道、九条东西大道，每条大道可容九辆车并行。王宫门外左边是宗庙，右边是社稷坛；帝王正殿的前面是接见官吏、发号施令的地方——朝廷，后面是集合众人的市朝。每"市"和每"朝"各

有百步见方。如此周密的都城体系建构,不能不令人心生敬仰。考古学家指出:"三代虽都在立国前后屡次迁都,其最早的都城却一直保持着祭仪上的崇高地位。如果把那最早的都城比喻作恒星太阳,则后来迁徙往来的都城便好像是行星或卫星那样围绕着恒星运行。再换个说法,三代各代都有一个永恒不变的'圣都',也各有若干迁徙行走的'俗都'。'圣都'是先朝宗庙的永恒基地,而'俗都'虽也是举行日常祭仪所在,却主要是王的政治、经济、军事的领导中心。"(张光直:《考古学专题六讲》,文物出版社,1986年版,第110页)由三代都城精心构设的"规范""规格",不难想象上古时代人们对"城"的重视,以及对其赋予的精神寄托和文化意蕴。"西周、春秋时代,天子的王畿和诸侯的封国,都实行'国''野'对立的乡遂制度。'乡'是指国都及近郊地区的居民组织,或称为'郊'。'遂'是指'乡'以外农业地区的居民组织,或称为'鄙'或'野'。居住于乡的居民叫'国人',具有自由民性质,有参与政治、教育和选拔的权利,有服兵役和劳役的责任。当时军队编制是和'乡'的居民编制相结合的。居于'遂'的居民叫'庶人'或'野人',就是井田上服役的农业生产者。"(杨宽:《中国古代都城制度史研究》,上海人民出版社,2003年版,第40页)国畿高贵,遂野鄙陋,划然分明。也许就是从人们精心构设"都""城"的时候开始,"城"与"乡"便有了巨大的差异,"城里人"和"乡里人"就注定要有不同的命运。于是,缩小城乡差别,成为中国人永久的梦想。

二、理想的挥洒

对都市的向往,挥动生花妙笔而纵情赞美的,莫过于汉、晋的辞赋家。翻开文学发展史,《论都赋》《西都赋》《东都赋》《西京赋》《东京赋》《南都赋》《蜀都赋》《吴都赋》《魏都赋》……一篇篇铺张扬厉的都城大赋,震撼人心,炫人耳目。总会让人情不自禁地要披卷沉思,生发疑问:这些远在两千年前的文人骚客,为什么要如此呕心沥血?其实答案很简单,人们太喜欢都市了。

"都"居"天下之中",这是就国都、都城而言。即使不是国都之"都城""都市",又何尝不在人们的理想之"中"。都城的繁华、富庶、豪奢、享乐,哪一样不动人心魄、摄人心魂?而要寄予这份"享受",又怎能绕得开城市?请看班固《西都赋》的描摹:

> 建金城而万雉,呀周池而成渊。披三条之广路,立十二之通门。内则街衢洞达,闾阎且千,九市开场,货别隧分。人不得顾,车不得旋,阗城溢郭,旁流百廛。红尘四合,烟云相连。于是既庶且富,娱乐无疆。都人士女,殊异乎五方。游士拟于公侯,列肆侈于姬姜。

意思是说，"皇汉"经营的西都长安，城墙坚固得如铜铁所铸，高大得达到了万雉。绕城一周的护城河，挖成了万丈深渊。开辟的大道，从三面城门延伸出来，东西三条，南北三条，宽阔畅达。建立的十二门，与十二地支相应，展现出昼夜十二时的畅通无阻。城内大街小巷，四通八达，住户人家几乎近千。大道两旁，"九市"连环，商店林立，铺面开放。各种各样的货物，分门别类，排列在由通道隔开的各种销售场所。购物的人潮涌动，进到市场，行走其间，人人难以回头观看，车辆更是不能回转。长长的人流，填塞城内，一直拖到城外，还分散到各种店铺作坊，处处比肩。扬起的红尘，在四方升腾，如烟云一般弥漫。整个都城，丰饶富裕，欢娱无边。都市中的男男女女，与东南西北中各地的人完全不同。游人的服饰车乘可与公侯比美，商号店家的奢华超过了姬姓姜姓的贵族。

与班固西都、东都两赋的聘辞相比，西晋左思赋"三都"（《魏都赋》《吴都赋》《蜀都赋》），产生了"洛阳纸贵"的都城效应。"三都赋"在当时的传播，有皇甫谧"称善"，"张载为注《魏都》，刘逵注《吴》《蜀》而序"，"陈留卫权又为思赋作《略解》而序"，"司空张华见而叹"，陆机"绝叹伏，以为不能加也，遂辍笔"不再赋"三都"。唐太宗李世民及其重臣房玄龄等撰《晋书》，于文苑列传立左思传，共830余字，用640余字赞叹左思"三都赋"及《齐都赋》之"辞藻壮丽"。"不好交游，惟以闲居为事"的左思，名扬京城，让有高誉的皇甫谧"称善"，让"太康之杰"的陆机"叹服""辍笔"，让居于司空高位的张华感叹，让全洛阳的豪贵之家竞相传写，这一切与其说是感叹左思的才华，不如说是人们对"魏都之卓荦"、吴都"琴筑并奏，笙竽俱唱"，蜀都"出则连骑，归从百两"的向往与艳羡。都市的富贵荣华、欢娱闲荡，太具有吸引力了！可以想象，当"大手笔"们极尽描摹之能事，炫耀都城美丽、都市欢乐图景的时候，澎湃的激情中洋溢着对都市生活多么深情的憧憬。自古以来，都城便与"繁华""豪奢"联系在一起，城市生活成了"快活""享乐"的代名词。北宋都市生活繁华，浪迹汴京街巷坊曲的柳三变，"忍把浮名，换了浅斟低唱"，一度"奉旨填词"，其词至今尚存210余阕。"针线闲拈伴伊坐"，固然使芳心女儿神往陶醉；"杨柳岸晓风残月"，无时不令人心旌摇曳；而让金主"遂起投鞭渡江之志"的还是那"钱塘自古繁华"：

> 东南形胜，三吴都会，钱塘自古繁华。烟柳画桥，风帘翠幕，参差十万人家。云树绕堤沙，怒涛卷霜雪，天堑无涯。市列珠玑，户盈罗绮，竞豪奢。
>
> 重湖叠巘清嘉，有三秋桂子，十里荷花。羌管弄晴，菱歌泛夜，嬉嬉

钓叟莲娃。千骑拥高牙，乘醉听箫鼓，吟赏烟霞。异日图将好景，归去凤池夸。

柳永挥毫歌颂"三吴都会"的钱塘杭州：东南形胜，湖山清嘉，城市繁荣，市民殷富，官民安逸。"夸"得词中人物精神抖擞，"夸"得词人自己兴高采烈。北宋末叶在东京居住的孟元老，南渡之后，常忆东京繁盛，绍兴年间撰成《东京梦华录》，其间的描摹，与柳永的歌唱，南北映照。孟元老追述都城东京开封府的城市风貌，城池、河道、宫阙、衙署、寺观、桥巷、瓦舍、勾栏，以及朝廷典礼、岁时节令、风土习俗、物产时好、街巷夜市，面面俱到。序中的描摹，令人越发想要观赏那盛名不衰的《清明上河图》。

太平日久，人物繁阜。垂髫之童，但习鼓舞；斑白之老，不识干戈。时节相次，各有观赏。灯宵月夕，雪际花时，乞巧登高，教池游苑。举目则青楼画阁，绣户珠帘。雕车竞驻于天街，宝马争驰于御路。金翠耀目，罗绮飘香。新声巧笑于柳陌花衢，按管调弦于茶坊酒肆。八荒争凑，万国咸通。集四海之珍奇，皆归市易；会寰区之异味，悉在庖厨。花光满路，何限春游？箫鼓喧空，几家夜宴？伎巧则惊人耳目，侈奢则长人精神。瞻天表则元夕教池，拜郊孟享。频观公主下降，皇子纳妃。修造则创建明堂，冶铸则立成鼎鼐。观妓籍则府曹衙罢，内省宴回；看变化则举子唱名，武人换授。仆数十年烂赏叠游，莫知厌足。

"侈奢则长人精神"，一语道破了"市列珠玑，户盈罗绮，竞豪奢"之底气，"烂赏叠游，莫知厌足"之纵情。市场上陈列着珠玉珍宝，家橱里装满了绫罗绸缎，当大家都比着赛着要"炫富"时，每个人该是何等的精神焕发，又是何等的意气洋洋？幻化自古繁华之钱塘，想象太平日久之汴都，试看今日之天下，何处不胜"汴都"，到处都似"钱塘"。纵班固文赡，柳永曲宏，霓虹灯下的曼妙，何以写得明白，唱得清楚？

三、"城""乡"的激荡

(一)乡里人的城市感觉

乡里人进城，感觉当然十分丰富。对这份"感觉"的回忆，令人蓦然回首。我有过一个短暂而幸福的童年。留在记忆深处的片断里，最不能抹去，时时涌现脑海的，就是穿着一身新衣，打扮得光鲜靓丽，牵着姐姐的手，"到街上去"。每到这个时候，总会听到这样的问："到哪里去？""到街上去。""啊，衣裳怎么那么好看呢！颜色亮得很啊！"答话的总是姐姐，看衣服的总是我。我总会用最喜悦的眼光看问话的人，用最自豪的动作扭扭捏捏地扯一扯自己的衣角，再低下头看看鞋袜。接着还会听到一句夸奖："哟，鞋穿得怎么那么合适呢，是最时兴的啊！"于是"到街上去"就和崭新的衣服、新款的鞋袜连在一起。这也是我这个乡里人最早对"城市"的感觉。牵着姐姐的手到街上，四处"逛"来"逛"去，走得昏头昏脑，于是真正到了"街上"的情形反而没有多少欢乐或痛苦了。和母亲"到街上"，是去看戏。看戏对母亲不是一件愉快的事。母亲看戏是为了服从"家长"的安排，而她最担心的还是城里人会说我们是"乡棒"。留给母亲的还有一点"不高兴"，就是母亲去看戏总要抱着我，是个"负担"。当我被抱着看戏的时候，戏是什么不知道，看的只是妈妈的脸。看她长长的睫毛、大大的眼睛、棱棱的鼻子、白皙的皮肤。再长大一点，就是看戏园子。朦胧的感觉只是人多啊人真多啊，接着是挤呀挤，在只能看见人的衣服、人挪动着腿的昏暗中，也随着大流迈动自己的脚。如此而已！真正成人了，似乎才懂得了母亲的感受。

曾读过日本人小川和佑著的《东京学》，有一节题作："东京人都很聪明却心肠很坏……"。而且这个小标题，犹有意味地还加上了一个省略号。为什么会有这个结论，作者分析："如果为东京人辩护，这并不是说唯独东京人聪明而心肠坏，那是因为过去只知道在闭锁式共同体内生活的乡下到东京来的人，一味地只在他们归属的共同体之逻辑里思维和行动的缘故。这时候，对方当然企图以过密空间之逻辑将之击败。"（小川和佑：《东京学》，廖为智译，台北一方出版，2002年版）这个反省是深刻的。乡里人进城，回到乡里，最为激烈的反映，恐怕就是说，城里人很坏，那个地方太挤了。我曾经在大都市耳闻目睹过城里人对乡里人的态度，尤其是当车轮滚滚、人流涌动的"高峰"时段。这时候，所有的人，或跑了一天正饿着，或忙了一天正累着。住在城里的想要回家歇息，进城来的人想要找个地方落脚。于是，谁看见谁都不顺眼。恶狠狠地瞪一眼，粗声粗气地骂几句。"城"与"乡"的差别，在这个时候就表现得最明显了。但是，无论怎样的不愉快，过城里人的生活，是乡村人永远的梦；过城里人的生活，可谓是许多乡里人追求生活的终极目标。

20世纪80年代伊始，小说家高晓声发表了中篇小说《陈奂生上城》，把刚刚摘掉"漏斗户主"帽子的陈奂生置于县招待所高级房间里，也即将一个农民安置到高档次的物质文明环境中，以此观照，陈奂生最渴望的是希望提高自己在人们心目中的地位，总想着能"碰到一件大家都不曾经历的事情"。而此事终于在他上城时碰上了：因偶感风寒而坐上了县委书记的汽车，住上了招待所五元钱一夜的高级房间。在心痛和"报复"之余，"忽然心

总序

都市文化的魅力

里一亮"，觉得今后"总算有点自豪的东西可以讲讲了"，"精神陡增，顿时好像高大了许多"。高晓声惟妙惟肖的描写，一针见血，揭示的正是"乡里人"进城的最大愿望，即"希望提高自己在人们心目中的地位"。中国乡村人的生活，真的是太"土"了。著名诗人臧克家有一首最为经典的小诗，题作《三代》，诗云："孩子，在土里洗澡；爸爸，在土里流汗；爷爷，在土里葬埋。"仅用二十一个字，浓缩了乡里人一生与"土"相连的沉重命运。比起头朝黄土背朝天的乡里人的"土"，城里人被乡里人仰望着称为"洋"；比起日复一日，年复一年，忙忙碌碌，永无休闲的乡里人，城里人最为乡里人羡慕的就是"乐"。为了变得"洋气"，为了不那么苦，有一点"乐"，乡里人花几代人的本钱，挣扎着"进城"。

（二）城里人的城市记忆

我曾从陇中的"川里"到了陇南的"山里"，又从陇南的"山里"到了省城的"市里"，在不断变换的旅途中，算一算，大大小小走过了近百个城市，而且还有幸出国，到了欧洲、非洲的一些城市。除生活了三十多年的省城，还曾在北京住了一年，在扬州住了两年，在上海"流动"五个年头，在土耳其的港口城市伊斯坦布尔住了一年半，在祖国宝岛台湾的台中市住了四个月零一周。每一座城市都以其独特的"风格"展示着无穷的魅力，也给我留下了许多难以忘怀的记忆。当我试着想用城里人的感觉来抒写诸多记忆的时候，竟然奇迹般地发现，城里人的城市记忆，也如同乡里人进城一样的复杂。于是，只好抄一些"真正"的城里人所写的城市生活和城市记忆。张爱玲出生在上海公共租界的一幢仿西式豪宅中，逝世于美国加州洛杉矶西木区罗彻斯特大道的公寓，是真正的城里人。她在《公寓生活记趣》中写城市生活，说她喜欢听市声：

> 我喜欢听市声。比我较有诗意的人在枕上听松涛，听海啸，我是非得听见电车响才睡得着觉的。在香港山上，只有冬季里，北风彻夜吹着常青树，还有一点电车的韵味。长年住在闹市里的人大约非得出了城之后才知道他离不了一些什么。城里人的思想，背景是条纹布的幔子，淡淡的白条子便是行驶着的电车——平行的，匀净的，声响的河流，汩汩流入下意识里去。

"市声"的确是城市独有的"风景"，也是城里人最易生发感叹的"记忆"。胡朴安编集《清文观止》，收录了一篇清顺治、康熙年间沙张白的《市声说》。沙张白笔下的"市声"，那就不仅仅是"喜欢"不"喜欢"了。他从鸟声、兽声、人声写到叫卖声、权势声，最终发出自己深深的"叹声"。城市啊，也是百般滋味在心头。

比起市声，最最不能抹去的城市记忆，恐怕就是"街"。一条条多姿多彩的"街"，是一道道流动的风景线，负载着形形色色的风情，讲述着一个个动人的故事，呈现着各种各样的文化。潘毅、余丽文编的《书写城市——香港的身份与文化》，收录了也斯的《都市文化·香港文学·文化评论》一文，文章对都市做了这样的概括："都市是一个包容性的空间。里面不止一种人、一种生活方式、一种价值标准，而是有许多不同的人、生活方式和价值标准。就像一个一个橱窗、复合的商场、毗邻的大厦，不是由一个中心辐射出来，而是彼此并排，互相连接。""都市的发展，影响了我们对时空的观念，对速度和距离的估计，也改变了我们的美感经验。崭新的物质陆续进入我们的视野，物我的关系不断调整，重新影响了我们对外界的认知方法。"读着这些评论的时候，我的脑海里如同上演着一幕幕城市的黑白电影，迅雷般的变迁，灿烂夺目，如梦如幻。

都市是一种历史现象，它是社会经济发展到一定阶段的产物，又是人类文化发展的象征。研究者按都市的主要社会功能，将都市分为工业都市、商业都市、工商业都市、港口都市、文化都市、军事都市、宗教都市和综合多功能都市等等。易中天《读城记》里，叙说了他所认识的政治都城、经济都市、享受都市、休闲都市的特点。诚然，每一个城市都有自己的个性，都有自己的风格，但与都市密切关联着的"繁荣""文明""豪华""享乐"，对任何人都充满诱惑。"都市生活的好处，正在于它可以提供许多可能。"相对于古代都市文化，现代形态的都市文化，通过强有力的政权、雄厚的经济实力、便利的交通运输、快捷的信息网络、强大的传媒系统，以及形形色色的先进设施，对乡镇施加着重大的影响，也产生着无穷的、永恒的魅力。

四、都市文明的馨香

自古以来，乡里人、城里人，在中国文化里就是两个畛域分明的"世界"，因此，缩小城乡差别，决然成为新中国成立后坚定的国策，也俨然成为国家建设的严峻课题。改革开放的东风吹醒催开了一朵娇艳的奇葩，江苏省淮阴市的一个小村庄——华西村，赫然成为"村庄里的都市"，巍然屹立于21世纪的曙光中。"榜样的力量是无穷的。"让中国千千万万个村庄发展成为"村庄里的都市"，这是人民的美好愿望。千千万万个农民，潮水般涌入城市，要成为"城里人"。千千万万个城市，迎接了一批又一批"乡亲"。两股潮水汇聚，潮起潮落，激情澎湃！如何融入城市，建设城市？怎样接纳"乡亲"，

共同建设文明？回顾历史，这种汇聚，悠久而漫长，已然成为传统。文化是民族的血脉，是人民的精神家园。文化发展为了人民，文化发展依靠人民。如何有力地弘扬中华传统文化，提高人民文化素养，推动全民精神文化建设，是关乎民族进步的千秋大业。虽然有关文化的书籍层出不穷，但根据一个阶层、一个群体的文化特点，有针对性地进行文化素质培养，从而有目的地融合"雅""俗"文化，较快地提高社区文明层次，在当代中国文化建设中仍然具有十分重要的意义。

自改革开放以来，随着城乡人的频繁往来，大数量的人群流动，尤其如"农民工""打工妹"等大批农民潮水般地进入城市，全国城乡差别大大缩小。面对这样的现实，如何让城里人做好榜样，如何让农村人迅速融入城市生活，在文化层面上给他们提供必要的借鉴，已是刻不容缓的任务，文化工作者责无旁贷。这也正是"中华传统都市文化丛书"编辑出版的必要性和时效性。随着网络的全球化覆盖，世界已进入"地球村"时代，传统意义上的"城市"，已经不是都市文明建设的理想状态，在大都市社会中逐渐形成并不断扩散的新型思维方式、生活方式与价值观念，不仅直接冲毁了中小城市、城镇与乡村固有的传统社会结构与精神文化生态，同时也在全球范围内对当代文化的生产、传播与消费产生着举足轻重的影响。可以说，城市文化与都市文化的区别正在于都市文化所具有的国际化、先进性、影响力。为此，"中华传统都市文化丛书"构设了以下的内容：

传统信仰与城市生活：城隍
服饰变化与城市形象：服饰
饮食文化与城市风情：饮食
高楼林立与城市空间：建筑
交通变迁与城市发展：交通
传统礼仪与城市修养：礼仪
语言规范与城市品位：雅言
歌舞文艺与城市娱乐：歌舞

全丛书各册字数约25万，形式活泼，语言浅显，在重视知识性的同时，重视可读性、感染力。书中述写围绕当代城市生活展开，上溯历史，面向当代，各册均以"史"为纲，写出传统，联系现实，目的在于树立文明，为都市文化建设提供借鉴。如梦如幻的都市文化，太丰富，太吸引人了！这里撷取的仅仅是花团锦簇的都市文明中的几片小小花瓣，期盼这几片小小花瓣洋溢着的缕缕馨香浸润人们的心田。

　　我们经常在问什么是文明，人何以有修养？偶然从同事处借到一本何兆武先生的《上学记》，小引中的一段话，令人茅塞顿开。撰写者文靖说："我常常想，人怎样才能像何先生那样有修养，'修养'这个词，其实翻过来说就是'文明'。按照一种说法，文明就是人越来越懂得遵照一种规则生活，因为这种规则，人对自我和欲望有所节制，对他人和社会有所尊重。但是，仅仅是懂得规矩是不够的，他又必须有超越此上的精神和乐趣，使他表现出一种不落俗套的气质。《上学记》里面有一段话我很同意，他说：'一个人的精神生活，不仅仅是逻辑的、理智的，不仅仅是科学的，还有另外一个天地，同样给人以精神和思想上的满足。'可是，这种精神生活需要从小开始，让它成为心底的基石，而不是到了成年以后，再经由一阵风似的恶补，贴在脸面上挂作招牌。"顺着文靖的感叹说下来，关于精神生活需要从小开始的观点，我很同意，精神修养真的是要在心底扎根，然后萌芽、成长，慢慢滋润，才能成为一种不落俗套的气质。我们期盼着……

2015年元旦

总　序

都市文化的魅力

前　言

　　"云想衣裳花想容"是唐代著名诗人李白所作的《清平调》三首里第一首的首句,诗人设想云朵想与杨贵妃的衣裳媲美,花儿想与杨贵妃的容貌比妍,这是极言杨贵妃衣饰和容貌之美。后人常引述这句诗,表示谁都想拥有华艳的衣服和娇美的容颜。

　　"衣裳",古时候是指上衣和裙子。《毛传》:"上曰衣,下曰裳。"古人最早下身穿的是一种类似裙子一样的"裳"。"裳"字也写作"常"。《说文》:"常,下帬也。""帬"是"裙"的古体字。后来,衣裳泛指衣服。

　　这本书就是想和大家聊聊传统服饰和都市时尚的事儿。服饰,简单来讲就是我们穿衣戴帽所着之物,但细思量下来会发现,服饰其实是一种文化现象。从古至今,服饰走过了三个发展阶段:最初它可能是遮羞蔽体的实际之物,后来它成为人们划分社会等级身份的象征之物,当下它是人们表达生活情趣的外在之物。在远古时期,基于某些实际目的,人们开始使用手边易得之物遮蔽下体,或穿兽皮以求保暖。走过荒蛮蒙昧阶段,人们的服饰不仅用于遮体,更表现出意识形态化,形成一套与当时的社会秩序相适应的服饰制度,服饰被纳入"礼"的范畴,成为维护社会秩序、巩固等级制度的外在束缚物。当下社会在全球化的视野下,服饰文化融会贯通,人们在穿衣戴帽上附加了审美内涵。一个人可以根据自己的性别、年龄、职业、身材特点、经济能力、季节、场合等诸多因素选择他认为美的服饰,这是文化素养和审美情趣的直接体现。

　　对服饰的研究本质上是一个文化话题。现代社会中,服饰是时尚流行界最重要的展示领域,同时也是文化批评界的研究话题之一。在谈到服饰话题时,大众传播媒体不再单纯地满足于如何穿衣打扮、如何搭配饰物等实用技巧的介绍了,而是不断地进行理念性、观念性的推销,有时甚至是无中生有地赋予服饰一些符号意义。这样一方面不断推高人们的物质追求,一

方面诱使人们用服饰语言陈述一种所谓的生活品质和文化品位。现代人就这样被"流行"俘虏了。

本书试图从汉服、唐装、旗袍、中山装等中国传统服饰入手,结合牛仔裤、高跟鞋等外来服饰的影响,讲述一个传统与现代的中国服饰故事。

作为"衣冠王国"的中国,走在时代的交叉点,传统的"褒衣博带"无法适应当下的日常生活,国人又很难在琳琅满目的服饰橱窗里找到民族认同。也许在中国传统服饰文化大背景下,找寻民族特色,凸显中国元素,穿出中国人的时尚风格,表达中国人的审美要求,才是当下中国服饰的话语诉求。

目　录

目　录

MULU

目　录

MULU

服装：从实用到时尚

一、服装真是"遮羞布"吗？

人类何时穿衣？为什么穿衣？这些关于服饰起源的问题，貌似看起来很简单，但回答起来却很复杂。多少年来，考古学家与人类学家一直在努力探索这一课题。那些至今仅存的原始遗迹残骸，是人们设身处地去推测人类及服饰起源的唯一依据，很难有哪一位学者能具体推测出服饰起源于哪一年，在有关服饰起源的结论当中，不乏带有学者们想象和猜测的成分。现今仅存的考古化石、碳化物以及实物，只能帮助人类划分出原始人类活动及原始服饰形成、发展的大致时间区域，而人类最初的着衣动机也会因地域、气候、生活习俗等不同而各不相同，因此，服饰的起源具有一定的争议性。

我们不妨先从神话故事谈起。

《旧约全书·创世纪》中说，上帝创造了亚当和夏娃，让他们住在伊甸园里，修葺和看守这个乐园。在蛇的诱惑下，夏娃先偷吃了禁果，又给亚当吃了。两颗果子好像强力剂注入了混沌蒙昧的两颗心，两人的精神世界顿时澄清了、明晰了。他们开始分辨物我，产生了"自我"的概念。他们无比沮丧地发现，自己赤裸着身体，是羞耻的事情。于是他们用无花果的叶子为自己编织了裙子，来掩饰下体。上帝造人以后，这是人第一次违背上帝的命令，因而犯下了必须世代救赎的罪孽，称为原罪，意即原初的、与生俱来的罪。

这是宗教神话，外国的神话，而我们中国也有一个类似的神话。

伏羲氏是中国神话传说中的人类始祖之一。在夏之前的上古时代，也就是传说中

图1　亚当和夏娃

的三皇五帝时期,伏羲氏为三皇之首。传说伏羲引导万民弃穴巢而定屋舍,去生食而择熟食,离裸身而饰兽衣,断杂居而始嫁娶。伏羲教给人们用衣物遮盖自己的私处,也就是从那时起,远古人类有了羞耻感。从此,衣物有了遮盖的作用。

图2　伏羲氏

两则中外广泛流传的神话故事让我们几乎认定,人们穿衣服的最初动因是为了遮羞。但是,宗教神话毕竟属于神话。就服饰来说,究竟是否起源于这种"遮羞说"?服装史研究者的看法却不尽相同,根据他们的学说,可以知道服饰的功能大概有以下几点:

一是保护说。我国的训诂书《释名·释衣服》说:"衣者,依也,人所依之避寒暑也。"也就是说,人类为了适应气候环境,主要是应对寒冷,或是为了使身心不受伤害,因此从全身赤裸的状态逐渐进化到用自然的或人工的物体来遮盖、包裹身体或者附着于身体上的状态。

二是装饰说。它认为服装起源于美化自我的欲望,是人类追求美的情感表现。科学家们的实验表明,人类,甚至一些比较高等的动物和植物,都有一种本能的对美的事物的良好感觉。因此,服饰在很大程度上是为了装饰自身。

三是遮羞说。这种说法认为,人类之所以穿衣,以各种方式遮盖身体,是出于道德感和性羞耻。班固在《白虎通义》中就这样解释:"衣者,隐也;裳者,障也。所以隐形自障蔽也。"

然而,越来越多的考古发现和社会心理学者研究证明,羞耻感并不是服装产生的起因和动机,而是服装产生后的一种结果。社会心理学研究表明,对裸的羞耻感不是先天就有的,而是后天产生的,并且随着时间、地点和习惯的不同而异。比如,三岁以下的儿童不会因为赤裸而感到羞耻或难为情。而不同文化背景和种族的人对于应该遮掩的部位会有不同的看法,诸如,伊斯兰教妇女可以露腹却不能露脚,伊朗妇女按照传统要求蒙盖全身仅露双眼。另外不少学者也认为,服装的起源不是用来遮盖身体,而是为了吸引别人的注意,特别是对遮盖部分的注意,有时身体在遮掩状态下比裸露状态更具有诱惑力。这也解释了现代社会"内衣外穿"等流行风潮的一时兴起。

可见,所谓"遮羞"也只是服饰的其中一个功能,还未必如我们想象的那般靠谱。

服饰从它开始孕生和发展,就开始了其实用功利化和艺术审美化的前进步伐。如何使服装结实、保暖、方便等,就是实用功利目的要解决的问题。在人们满足了基本的实用功利的目的的同时或之后,就产生了服装的艺术审美的需要,服装的干净整洁、美观亮丽、体面高雅之类的问题,成为人类创造文化和展示文明的部分之一。

不可否认,我们现在看待服饰,不仅仅把它看成一种漂亮的装饰物,而是更强调它的文化性。当人们赋予服饰以审美和社会规范意义的时候,服饰已成为社会物质和精神的外化物。

在中国古代,服饰常常作为一种文化等级符号存在,不同等级、不同阶层的人,其服饰有严格的区分,在强调伦理纲常的传统社会中,服饰更是被当作分贵贱、别等级的工具。《易经·系辞》称"黄帝、尧、舜垂衣裳而天下治",意思是说,尊卑等级按衣冠服饰做出区别之后,人们安于各自的等级,天下才能太平。服饰的"昭名分、辨等威"功能,以及服饰的各种规制,几乎贯穿了中国传统的宗法制封建社会的始终。

到了近代,服饰又是一种民族文化符号。清人入关后"剃发易服",服饰成为民族压迫、异族统治的象征。在辛亥革命前后,人们剪去了那根象征性的大辫子,摈弃了清代冠服,逐渐淡忘了原先代表汉民族的服饰文化。之后,受西方服饰文化的影响,西式时装在中国逐渐流行起来。

新中国成立后,服饰仍呈现出外来文化的特点,列宁装、中山装、毛式服装、夹克衫等,都不再是传统衣裳的形制,甚至在一定程度上表现出意识形态化。改革开放以来,中国国力大增,民族自信心加强,传统文化回归。在人们的服装选择上,汉服、唐装等具有中国传统文化元素的服饰成为时尚热点。

随着全球化时代的到来,今天服饰的符号化似乎变得没那么容易辨识了,你可以看到中国传统元素的民族风与欧美的简约风同样都很流行,时尚多元化、风格休闲化、时装平民化成为当下服饰的主导潮流。

二、中国服饰的发展变化

服饰是人类的第二层皮肤,兼有实用、欣赏和塑造人类社会形象的作用。展开中国传统服饰画卷,就会让人感到是打开了一部灿烂的史书,在它漫长的形成和演变过程中,又广泛辐射至文学、美术、舞蹈、戏曲、语言文字等其他文化领域,成为中华文明不可分割的组成部分,并具有无可替代的重要地位。

中国历来有"衣冠王国"的称谓，是指中国古代衣冠体系庞大，历史悠久，在世界上首屈一指。

中国服饰的历史源流可以上溯到原始社会旧石器时代晚期。

上古时期，人类穴居深山密林，披着兽皮与树叶，过着原始的生活。当时还没有发明纺织技术，但从北京周口店山顶洞人生活过的遗穴所发现的骨针得知，在旧石器时代晚期，人们已初步掌握了缝纫技术，将猎取到的野兽的皮剥下，根据需要拼合缝制成各种衣服，以防御寒流的侵袭，服饰逐步形成。

殷商时期，冠服制度初步建立。那时，文明伊始，神权依旧，服饰多具有符号象征意义，展示了神灵庇护与礼制初定时的秩序。冕服是一种最具代表性的体现。

冕服制度在黄帝时期初具形制，在夏商时期得以进一步发展，西周时期已经相对完备。从孔子"服周之冕"这句话来看，周代冕服制度完备而具有代表性，周代以后的历代冕服都以周代冕服为仪范，并且根据本朝的实际加以改进。

周代冕服整体组合包括冕冠，上衣下裳，腰间束带，带下有蔽膝，足穿鸟鞋。

图3　冕服

春秋战国时期的主要服饰一为深衣,二为胡服。

中国古代早期的服装款式,从形式上来看,有三种最基本的形制:第一种是"上衣下裳"的服饰制度,即上衣下裙的汉制或上衣下裤的胡制;第二种为"衣裳连属"的形制,即上衣下裳分裁,然后又缝合起来,成为一整件服装;第三种形制就是上下通裁的"袍制",即上下连在一起通裁,然后缝合裁片成一件长衣,称为袍。

春秋战国时期,中原人把汉族人传统的"上衣下裙"缝合起来,形成了深衣。东汉郑玄注《礼记·深衣》:"名曰深衣者,谓连衣裳而纯之以采也。"深衣是"衣裳连属",也就是上下分裁,然后在腰部接缝制成一整件衣服,腰部缝合处以上仍然称衣,腰部缝合处以下仍然称裳,并且将衣裳染上颜色。在春秋战国时期,深衣制不分男女、不分尊卑、不分长幼,且最为盛行。

简单来讲,深衣的服装款式为交领、右衽、直裾式,上衣与下裳连为一体。

先秦时期有一个"胡服骑射"的典故,是说战国时期的赵国,赵武灵王想向胡人学习骑马射箭,首先必须改革服装,废弃传统的上衣下裳,改穿胡人的短衣长裤服式。于是他将传统的套裤改成有前后裆、与裤管连为一体的裤子,称为裈。因为合裆裤能够保护人腿和臀部肌肉皮肤,在骑马时少受摩擦,而且不用再在裤外加裳,在功能上有了极大的改进。

但赵武灵王的改革最初并不顺利,当时其他王族公子指责赵

图4　深衣

武灵王说,衣服习俗,古之礼法,变更古法,是一种罪过。赵武灵王批驳他们说,古今不同俗,有什么古法?帝王都不是承袭,有什么礼可循?夏、商、周三代都是根据时代的不同而制定法规,根据不同的事情而制定礼仪。礼制、法令都是因地制宜,衣服、器械,只要使用方便,就不必死守古代的那一套。王族公子们无言以对,只得接受穿胡服。

赵武灵王力排众议,下令在全国改装。因为胡服在日常生活中十分方便,所以很快得到国人拥护。赵武灵王在胡服措施成功之后,接着训练骑兵

队伍,改变了原来的军事装备。赵国的国力因此逐渐强大,不但打败了过去经常侵扰赵国的中山国,而且向北方开辟了上千里的疆域,成为"战国七雄"之一。一个看似简单的着装问题竟改变了一个国家的命运。如今,"胡服骑射"已成为改革的同义词。

秦汉时期,中国封建社会初步巩固。在服饰上采用"五德始终",认为黄帝时以土德胜,崇尚黄色;夏朝是木德,崇尚青色;殷朝是金德,崇尚白色;周文王以火胜金,崇尚赤色;秦以水德统一天下,崇尚黑色。因此秦代的装束以黑色为主,就连上朝的百官也皆着黑朝服,显得素雅整齐,佩饰也十分简单。

图5　胡服骑射

图6　西汉陶仪卫俑(1986年江苏省
徐州市出土)

秦汉时期男子的袍服盛行,这一时期的袍有曲裾和直裾两种,其形制是由春秋战国时期的深衣演变而来的。从出土的壁画、陶俑、石刻来看,袍服的领口开得较低,以便露出袍内的禅衣。袍服的特点是:宽大,沿黑边,有里子,和中衣配穿。

根据《尔雅·释衣》的记载,袍服的袖头称"祛",袍服的袖身宽大处称"袂"。有一个与"袂"有关的典故叫"张袂成帷",出自汉代刘向的《说苑·奉使》:"齐之临淄三百闾,张袂成帷,挥汗成雨,比肩继踵而在,何为无人?"是说晏子出使楚国时,楚灵王为难其貌不扬的晏子:"齐无人耶?"晏子回答说,齐国可谓行者摩肩接踵,每个人把袖子扬起来就可形成一片帷幕,每个人挥一把汗,天上就下一场雨。晏子用"张袂成帷"来形容齐国人数众多,从这个比喻中我们可见袍服衣袖的宽大。

魏晋南北朝时期,社会上盛传的玄学和道、释两教相结合,酝酿出文士的空谈之风。在服饰方面出现了三种"境界":一是追求及时行乐、精雕细琢,以曹植、何晏等贵族为代表的"华服境界";二是宽衣大袖、粗服乱头、袒胸露怀、披发跣足、不拘小节,以竹林七贤为代表的"浪漫境界";三是以闲适、质朴、洒脱、飘逸为特点,以陶渊明为代表的"淡泊境界"。①

(1)华服境界

图7　顾恺之《洛神赋》(局部)

所谓华服境界,是指上流社会的男子热衷修容美饰的新潮流,涂脂抹粉、华衣美服。这种热衷与讲究,是从美化人体自身,从对自身生命的珍爱与欣赏的角度出发的,是对先秦服饰理论的反叛与发展。

(2)浪漫境界

而以竹林七贤为代表的叛逆哲人、诗人、士庶,用粗服乱发、宽衣博带,甚至裸露身体,来表现其超脱大气、潇洒飘逸、玄远旷达的精神理念,用违背常规、别具风度的服饰以讥讽时政。

---

① 陈志华、朱华编著:《中国服饰史》,中国纺织出版社,2008,第72-75页。

图8　竹林七贤

（3）淡泊境界

图9　陶渊明

　　在经历了中国服饰史上空前绝后的浪漫主义狂潮之后，陶渊明去掉了华服派的雕琢炫耀和浪漫派的激烈反叛，而将服饰带进了自然淡泊的境界，平和谦虚、淡远深挚，服饰自然平朴、闲适淡泊。

　　魏晋时期的女装，在深衣的基础上又有了新的发展，被称为杂裾垂髾。垂髾就是在衣服的下摆部位，加一些饰物，通常用丝织物制成，其特点是上宽下尖的倒三角形，并层层相叠。另外，还从腰部围裳的两边伸出长长的飘带,一般左右各一条或两条,这种飘带称为"襳"。

图10 穿杂裾垂髾服的妇女(顾恺之《洛神赋图》局部)

圆领袍衫是汉族男子服装发展至隋唐时代的一种重要变体。圆领袍衫是一种上衣下裳相连属的服装形式,受胡服影响而成,又不失汉族服饰传统特点。圆领式样在中国服饰历史上很早便有出现,但一直到隋唐才开始盛行,成为官式常服。这种服装延续了唐、五代、宋、明等多个时期。南北朝时北周武帝曾下令在袍衫下加一横襕,以象征古代上衣下裳之旧制。唐中书令马周曾上议在袍衫下加襕。这些都是为仿古制。由此可以看出,在讲究礼法、规矩的传统文化影响下,中国的服饰有着极强的传承性,同时中原文化与异域文化交融也为新服饰的诞生提供了契机。

幞头是唐代男子首服的一大特点,是一种代替冠帽约束长发的头巾。早在东汉时期男子便流行用巾帛包头。魏晋以后,巾帛更加普及,几乎成了男子的主要首服。到北周时,将这种巾帛做了修改加工,才开始叫它"幞头"。

这一时期还有一种叫"乌皮靴"的鞋款普遍流行。那时,幞头、圆领袍衫,下配乌皮六合靴,是男子的典型装束,既洒脱飘逸,又不失英武之气,是汉族与北方民族相融合而产生的一套服饰,流行广泛久远。

唐代女子在服饰上的大胆尝试,是不可不提的一件事情。这种穿着方式与当时人们思想境界的开放不无关系。此时的女子形象,大多是上着窄

图11　唐代男子服饰

袖衫，下着长裙，腰系长带，肩披巾帛，足穿高头鞋履。而短袖的衣衫，身长仅及腰部，或及脐；瘦长的裙子往往拖地，裙腰高及胸部。这种形制的出现再加之披帛的相配，使中国女子的服饰形成了一种轻盈飘逸、仙来神往的风格。

另外唐代女子还有女着男装的风气，尤其是天宝年间更为流行。当时的女子与我国封建社会的其他朝代相比，在社会上的活动及所起的作用要积极活跃得多，郊游与骑马更是一时的社会风尚，所以着男装不仅在民间十分流行，还一度影响到了宫内，贵族妇女也多喜爱着男装。《礼记·内则》曾规定："男女不通衣裳。"尽管事实上不可能这么绝对，但是女子着男装，常会被认为是不守妇道。只有在气氛非常宽松的唐代，女着男装才有可能蔚然成风。

宋代整个社会文化渐渐趋于保守。在服饰上"恢尧舜之典，总夏商之礼"，一反唐代的浓艳鲜丽之色，而形成淡雅恬静之风，朝廷三令五申"务从简朴，不得奢僭"，服饰风格趋于拘谨、质朴。

宋代官员的朝服式样除了沿袭汉唐之制，又在颈间戴上方心曲领。这种方心曲领上圆下方，形似璎珞锁片，源于唐代，盛于宋代，延续到明代。方心曲领象征着"天圆地方"，同时，它的功能在于压贴衣服，使衣领伏贴。

图12　襕衫

宋代的一般男装与唐代相同，有襦、袄、襕衫、背子等。襕衫属于袍类，所以又被称为襕袍。《宋史·舆服志》说："襕衫以白细布为之，圆领大袖，下摆施加横襕为裳，腰间有襞积。"这种襕衫多为宋明时期学子所穿着。

古代女子缠足兴起于北宋。缠足是中国封建社会特有的一种陋习。所谓的缠足,就是用一条狭长的布带,将脚紧紧地扎裹,从而使脚变形、足形缩小,以符合当时的审美情趣。缠裹变形的小脚有一个雅称"三寸金莲"。有学者认为,小脚之所以被称为金莲,是因为在中国传统观念里,莲花是一种美好、高洁、珍贵、吉祥之物,故而以莲花来称妇女小脚当属一种美称。在以小脚为贵的缠足时代,在"莲"字旁加一"金"字而成为"金莲",也是一种表示珍贵的美称。后来金莲也被用来泛指缠足鞋,金莲也成了小脚的代名词。宋代诗人苏东坡曾专门做《菩萨蛮》一词,咏叹缠足:"涂香莫惜莲承步,长愁罗袜凌波去。只见舞回风,都无行处踪。偷穿宫样稳,并立双趺困。纤妙说应难,须从掌上看。"这可能是中国诗词史上专咏缠足的第一首词。

图13　梳髡发、穿圆领袍的契丹族贵族

辽、金、元、西夏时期服饰与汉服之间存有一定融合之处。

辽代男女服饰以圆领长袍为主。辽人入晋以后,服饰便有"国服"及"汉服"之分,"国服"就是契丹本民族的服饰,"汉服"即五代后晋时期的服饰。辽代契丹族男子服饰一般都是左衽长袍、圆领、窄袖。男子剃发,称髡发,也就是一种将头顶处头发剃去的发式。女子服装上身外衣一般为直领(立领)左衽长袍,又称"团衫",前长拂地,后长曳地尺余,双垂红黄带。

金代女真人也模仿辽国分南、北管制,注重服饰礼仪制度。后来进入黄河流域,又吸收了宋代冠服制度。金代女真族的传统服饰与辽代契丹族传统服饰大致相同。男子的服饰窄小、左衽,不论贵贱皆穿尖头靴。女子的代表服饰是团衫、锦裙等。金代男女民族服饰的特点与辽代相近,在材料上,金人多用皮毛,以白色为时尚。

元代建国初年,冠服制度沿袭旧俗。根据《元史·舆服志》记载,元世祖忽必烈定鼎中原时,在继承汉唐服饰制度的同时,又吸取金代和宋代的服饰制度,但尚没有完整的服饰制度。

明代建立以后极力恢复汉族人的服饰文化,大刀阔斧地进行了服饰改革。废弃了元朝的服饰制度,恢复汉族人的礼仪,调整冠服制度,把唐宋幞头、圆领袍衫、玉带、皂靴等加以承袭,确定了明代官服的基本风格。明代各

阶层便服主要为袍、裙、短衣等。举人等士者多穿斜领大襟宽袖衫，宽边直身。富人可以穿着绫罗绸缎，但不敢用官服色彩。

明代冠服制度"上采周汉，下取唐宋"，极力消除异族服饰文化的主导地位，在唐宋服饰旧制的基础上又建立了极具特色的明代服饰制度。明代男子的官服可分为祭服、朝服、公服、常服等，官员的服饰在级别确定上严格而又系统，以至出现图案的集中表现，即文官绣禽、武官绣兽的补子。

明代女子的冠服制度较前更加充备，其中凤冠、霞帔是最具代表性的贵族礼服。凤冠是明代妇女服制中最为庄重的礼冠。它是以金属丝网为胎，上缀点翠凤凰，并挂有珠宝流苏的礼冠。霞帔形状像两条彩带，使用时绕过头颈披挂在胸前，下垂一颗金玉坠子。

典型的明代女装是以修长为美的背子、比甲。背子到明代一般分为两式：其一是合领、对襟、大袖，为贵族妇女的礼服所用；其二是直领、对襟、小袖，为普通女子的便服。比甲是沿元代的无领对襟，形状似今天的马甲。明代比甲长度近脚踝，衣上织金组绣，罩于衫袄外，造型以修长为美，恰恰体现出明代艺术文静优雅的格调。

图14　明代背子

清朝是以异族入主中原，在清王朝建立后，统治者为了泯灭汉人的民族意识，强制推行满人的服饰，禁止汉人穿汉装的法令非常严厉，坚持佩戴前朝方巾的儒生，往往遭到杀戮。后来，清王朝为缓和民族矛盾、稳定政局，接纳了明遗臣金之俊提出的有关服饰方面"十从十不从"的建议，比如：未成年的儿童以及民间举行汉族的神庙拜会时，也可以穿用明朝的服饰，优伶戏装可以采用明朝原制,等等。在上百年的满汉交融中,满汉在服饰审美观上以及着装形式上,越来越趋于融合,无论是男女老幼,无论是款式还是纹样装饰,都表现得特别明显。

清代最有代表性的是官服制度。马蹄袖、马褂是清代官员服制的一大特色,但官服上的"补子"直接取自明代。女装虽然相对宽松,但精雕细刻无微不至,镶边有所谓"三镶三滚""五镶五滚"等,在镶滚之外还在下摆、大襟、裙边和袖口上缀满各色珠翠和绣花。

中国服饰发展到清代已经形成了服饰风格上的突破期,历代的宽衣大带式的服饰样子不见了,取而代之是衣袖相对偏窄,而且满身用图案花纹装饰,出现了华美异彩的衣装形式。清代服饰虽然是以满族服饰为主,但其中却渗透了大量的汉族文化。

1911年的辛亥革命以及1919年的五四运动两个重大事件,使新的政治力量兴起,也使得中国新文化逐渐形成。同时,服饰与当时的社会发展变化相适应,出现了新的潮流。由于中国留学生的增多以及西方文化的日渐冲击,服饰上出现"西服东渐"的局面。男子除传统的长袍马褂外,同时也出现了西装革履的穿着形式。西式服装以它全新的审美情趣赢得了人们的青睐,西式服装造型简洁、款式大方、穿着方便,更受人们的喜爱。西式服装造

图15　长袍马褂与西装革履并行不悖

图16　短袄套裙

型由传统样式的宽松变得衣身瘦窄,由传统的长袍转化为短式套装,而且款式品种多样而丰富,这些因素的聚集,使国人的衣着行为与方式得到了前所未有的转变。

而当时女子服装主要是上衣下裙。衣裙是当时广大妇女喜爱的日常服饰。受20世纪初期的辛亥革命的影响,女装样式流行一种"文明新装",与清代女装相比新式袄裙很少绣花,多数女子不戴簪钗,少戴手镯、耳环、戒指等饰物。

旗袍本义为旗女之袍,实际上未入八旗的普通人家女子也穿这种长而直的袍子,所以也可理解为满族女子的长袍。20世纪20年代初,旗袍普及满汉两族女子。最初的旗袍,是以无袖的长马甲形式出现的,短袄外面的长马甲代替了长裙,经过汉族女子的模仿,并在原来基础上推陈出新,不断改进。改良后的旗袍明显缩短长度,收紧腰身,衣领紧扣,曲线鲜明,加以斜襟的韵律,从而衬托出端庄、典雅、沉静、含蓄的东方女性的芳姿。

1949年中华人民共和国成立,到20世纪70年代末改革开放前,中国服饰的政治色彩比较浓厚。在这一时期,人们习惯用政治标准来衡量着装打扮,服饰上靠拢工人、农民、干部或解放军的形象。人们纷纷把长袍、马褂、西服改成中山装或人民装,效仿工人、农民风格,以粗制的布料为美,并且喜欢在领、肘、臀、膝部位缝上补丁,以表示和工农群众打成一片。

在"文革"时期由于"破四旧"和"左"倾路线的影响,本来已经日趋时髦的服饰,这时又重新走向单调,"国防绿""海军蓝"是当时中国城乡居民追求的色彩。

1978年以后中国进入改革开放时代,在现代西方文化的冲击下,喇叭裤首先进入中国,随后中国服饰真正进入多元化的、日新月异的发展时期。进入21世纪,中国服饰基本上与发达的西方国家同步而行。中国传统服饰在交流与融合的大背景下,在国际服饰舞台上已占有一席之位。

三、服饰是社会身份的标识

所谓服饰,在中国古文献中,较早连用是在《周礼·春官》篇中,《春官·典瑞》云:"辨其名物,与其用事,设其服饰。"在现代汉语中,"服饰"一词,指的就是衣服和装饰,意义较为清晰,"服饰"一词不但包括服装,且包含了佩戴的玉器等装饰。

中国古代服饰形制复杂,其目的既不是美观,也不是实用,而是服从"天人合一"的观念,"以通神明之德,以类万物之情"。黄帝、尧、舜制定衣与裳之制,就是"盖取诸乾坤"的上天下地、上阳下阴之象。因此,衣上而裳下,衣尊而裳卑。

自有贫富悬殊、私有制确立与阶级分化以来,穿着就成为人们社会地位标识与身份认知的符号。服装制度是彰显社会等级制度的表现形式,《春秋繁露·服制》说"无其爵,不敢服其服"。天子、将军、百工商贾和刑余之人,都有等级分明的服装要求。

图17　十二章纹

据说,从舜的时代开始,就已有了衣裳的"十二章"之制,即天子的服装可以有十二种图案,日、月、星辰、山、龙、华虫(雉)、藻(水草)、火、粉、米、黼(斧形)、黻(亚形);而诸侯的服装只能用后八种图案;卿用后六种图案;大夫不过食禄丰厚而已,只能用藻、火、粉、米四种图案;士则只准用藻、火两种图案。平民的衣物不得有纹饰,所以有"白衣""白丁"的说法。

这就是汉代贾谊《新书·服疑》所说的"贵贱有级,服位有等……天下见其服而知贵贱"。《后汉书·舆服志》也说"非其人不得服其服"。古代平民不

能衣锦绣，多穿麻布衣服，所以"布衣"成为庶民的一个代称。

《国语·鲁语下》讲述了这样一件事。诸侯的大夫在虢地会盟，楚公子围的前面有两个执戈的卫兵侍立。蔡国大夫公孙归生与郑国上卿罕虎去会见叔孙穆子。穆子说："楚公子的服饰很是华贵，不像大夫，或者倒像个君主了。……现在当大夫的陈饰起诸侯的服制来，说明他有想当诸侯的野心。如果没有这种不臣之心，他哪敢陈饰诸侯的服制来会见其他诸侯国的大夫呢？"后来，历朝都把服饰"以下僭上"看作犯禁的行为。

历代官服上的等级标志不尽相同，"十二章"古制后来被改革掉了。如明代官员的公服用花来表示：一品官用圆径五寸的大独科花，二品用三寸的小独科花，三品用二寸没有枝叶的散花，四品五品用一寸半的小杂花，六品七品用一寸的小杂花。服装饰纹成为官衔品级的标志符号。官员平时办公穿的常服又有不同的图案区分类别与身份，文官一律以鸟类来区别官阶等级：一品仙鹤，二品锦鸡，三品孔雀，四品鸳鸯，五品白鹇，六品鹭鸶，七品鸂鶒，八品鹌鹑，九品蓝雀；武官则用兽类区分等级：一品麒麟，二品狮子，三品豹，四品虎，五品熊罴，六品彪，七品八品犀牛，九品海马。"衣冠禽兽"这句骂人的话倒真成了概括明代文武官员袍服纹绣的最简洁语言。

图18　明代官服

这种以服饰分等级的现象，不仅官场有，老百姓中也时兴。鲁迅笔下咸亨酒店里的顾客就分成两等：上等人是穿长衫的，下等人是穿短打的。衣着不同，待遇也不同：穿长衫的是坐着喝酒的，穿短打的是站着喝酒的。穿长衫而坐不起雅座，只好站着喝的，只有孔乙己一个人。他没有自食其力的本事，实际上比穿短打的更潦倒，一只脚已经站在社会阶梯的最底层，但他是万万不肯脱下那破旧的长衫的，他放不下"之乎者也"那点架子，另一只脚还要竭力在稍上一层阶梯上挨个边儿。

中国人爱讲规矩，服饰则是社会行为规范的大宗，这显然是文明程度相对发达的表现。中国服饰从产生之初，就被划分出明确而严苛的等级规范。不同身份的人有了服饰差别，社会才有秩序。由此可见，中国的服饰形制长期以来被视为社会工具，并上升到文明象征的高度。

四、现代服饰是一种语言表达

服饰对人类来说，蔽体御寒是它的首要功能。但自走出了以实用为唯一目的的时代以后，服饰的功能就复杂了。尤其在中国，服饰自古就是一种身份地位的象征，一种符号，它代表着一个人的政治地位和社会地位，使人们恪守本分，遵守各种礼仪教化的严格规范，对民俗文化有一定的影响和作用。

现代社会破除了等级限制，崇尚平等自由，人们在穿衣打扮上追求的是个性，追求的是与众不同。但在一定层面上，仍具有文明象征含义。我们常用"衣食住行"来概括我们的生活，可见"衣"是人生一大要事。衣服这种盖住我们身体的东西，除了遮羞、保暖的实用功能外，在现代社会越来越成为人们外在形象的重要组成部分，彰显身份、诠释个性，其象征意义成为人们追寻的目标。

在日常生活中，服饰是一种语言，通过穿衣打扮，可以了解一个人，也可以让别人了解自己。在人际交往过程中，陌生人之间的"第一印象"往往来自于服饰，服饰往往帮助我们直观判断一个人的性格、年龄、职业、地位、文化等背景。比如统一的校服意味着这个人是学生集体的一员，白色的护士装意味着穿着者是一个医护人员，一件到处缝满口袋的土黄色马甲意味着这个人不是导演就是摄影师。

早在20世纪70年代美国洛杉矶大学的心理学教授马瑞比恩博士就得出这样的结论：我们每个人互相之间给对方留下的印象有55%取决于我们的外表，38%取决于我们的声音，7%才是谈话的实际内容和背景资料。这是几乎不以个人意志为转移的。不论你认为这样是否合理，事实就是如此，再也没有比让别人记住你的服饰而记住你更好的办法了。可见，服饰在我们日常生活中是多么的重要。

如果说形象是一个人通往成功的门票，这其实并不夸张。你的"外包装"在视觉上传递出你所属的社会阶层的信息，它也能够帮助你建立自己的社会地位。在大部分社交场所，你要想看起来就属于这个阶层的人，就必须包装得像这个阶层的人。人们往往把高档的服装与不菲的收入、高贵的社会身份、一定的权威、高雅的文化品位等相关联，穿着出色、昂贵、好质地的服装就意味着事业上有卓越的成就。

儒家创始人孔丘在《论语·雍也》中提到："质胜文则野，文胜质则史，文质彬彬，然后君子。"这里虽然没有直接说到服饰，但已涉及人的整体服饰形象。质是内在的资质，包括外在的形体与内在的智慧；文指外在的文饰，古来一般学者认为文指文才，也有人认为是指服饰境界。孔子在此所说的"文"，是指合乎礼的外在表现，"质"是指内在的仁德，只有具备"仁"的内在品格，同时又能合乎"礼"地表现出来，方能成为"君子"。

"人靠衣装，佛靠金装。"有品味的服饰，可以提高你的个人魅力。服饰可以说是你的第二张脸，因此打造一个良好的外在形象，就成为你在社交活动中的第一步。考究的服饰为你的形象增光添彩。虽然不能说形象决定成功，但成功与形象之间一定是相互促进的关系：你越成功，你的形象就越有影响力；你的形象越魅力十足，你也就越容易走向成功。这也是为什么很多人不惜花费大量的时间和金钱选择那些能让他们展现出最好风姿和成就的服饰。你的形象在无声地帮助你交流、沟通，传递你的信息，告诉人们你的社会地位、职业、收入、个性、教养、品味、发展前途，等等。

服饰不仅是人类最基本的生存之物，也成了人类社会中最绚丽的符号。也正因为如此，服饰成为现代社会流行时尚的最重要展示领域。无论是繁华商业街上的橱窗展示，还是报摊上装帧精美的时装杂志，或是电视屏幕里创意新颖的服装广告、时装表演现场，都在给现代人注入这样一个理念：服饰流行关乎你的身份地位，时尚潮流关乎你的生活品味。

服饰覆盖了人体近90%的面积，因此，服饰和语言及其他符号一样，成为人际传播的重要媒介。服饰作为一种无声的语言，它让人们通过其样式和颜色等特征，来展示自己、表达自己。只有恰到好处地利用服饰，才能准确地表达所要传播的信息。

服色:从单色到多彩

一、服色文化

众所周知,颜色、质料和款式是服饰的三要素。从古至今,人们对于服饰的最初印象与感受,首先是从色彩开始的。而对色彩的神秘感受,恰是中国服饰文化的一大重要特征。

中国古代对服色的选择,除了依照朴素的审美知觉因素外,历来十分重视色彩的象征意义和精神内涵。

早在先秦时期的夏商时期,人们就十分重视服饰的颜色,以纯色为贵,间色、复色次之。《礼记·玉藻》明确规定:"衣正色,裳间色,非列采不入公门。"列采指的是纯色的正式服装,不穿纯色的衣裳是不能进入殿堂的。那个时期,赤(大红)、朱(朱红)的地位最高。到了西周,以青、赤、黄、白、黑为正色,是高贵的颜色,而绀(红青色)、红(较浅的赤色)、缥(淡青色)、紫、淡黄则是卑贱色,只能做内衣、便服的颜色。

秦汉时期,纯色依旧是上层人的专利。《春秋繁露·服制》:"散民不敢服杂彩。"没有地位的平民要穿没有任何装饰的素服,白色和黑色是他们服饰的颜色。

西汉后期,确定了黄色的尊贵地位,并一直沿用。而黄色成为皇帝的专用色,则是从唐代开始的。贞观四年(630年),唐太宗下诏:凡三品以上官员用紫色,五品以上为绯色,六品七品为绿色,八品九品为青色,普通百姓用灰色,皇帝独占黄色。

另外,在唐代紫色、红色是中高级官员的专利,比如朱红的大门只有高级官吏才可使用,杜甫诗句"朱门酒肉臭,路有冻死骨"中,就用"朱门"代指了富贵人家。另外现在我们还常用"大红大紫"来形容显赫、得意,因为只有高官才有资格用紫色、红色。

亮丽的色彩都被权贵垄断了,普通人就只能用那些无色彩和彩度很低的灰色了。宋太宗就明确规定,各色小官吏、平民、商贾、工匠以及不隶属官府的民间艺人,其服饰颜色只能使用白和黑。"皂隶"是指衙门里的差役,就是因为穿黑色的衣服而得名。

到了明朝,由于玄、黄、紫三色为皇家专用,官吏军民的服饰均不许使用这三种颜色,违者即为犯法。在这一时期,红色的地位得到巩固,官员服色以红色为尊,淘汰了紫色。自此,色彩艳丽的红色成为继黄色之后最为尊贵的色彩。所以,封建帝王的宫殿是红墙黄瓦,寺庙的墙壁也多用红色。

清朝进一步加强了对黄色的限制,黄色成为皇帝的象征,只有皇帝、皇后、皇子才可以使用黄色,亲王则使用蓝色、石青色。

自然界的色彩本无尊卑等级之分,但在中国古代等级制度的影响下,色彩被人为地分成三六九等,并通过服饰色彩区分穿着者的社会地位,统治阶层把服色的等级功能提高到了突出的地位。

中国古代服色以青、赤、黄、白、黑为正色,其余为间色杂色,以至于今天我们还称颜色多为"五彩缤纷""五色斑斓"。"五色"形成于两千年以前的西周,在黑、白的基础上加上赤、黄、青三原色,形成五个正色,为我国传统的五色观。黑、白二色体现了辩证思维特点的"阴阳色彩观",即"二气相交,产生万物"的观念。古人从色彩实践中发现这五种色彩是最基本的元素,是最纯正的颜色,它们必须从自然界的原料中提取,而它们相混则可以得到丰富的间色。《尚书·益稷》:"以五采彰施於五色,作服,汝明。"

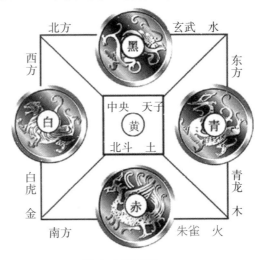

图19　五色五行

我国古人很讲究阴阳五行,"五色"是与"五方"和"五行"相对应的,它们

分别代表着东、西、南、北、中和金、木、水、火、土。结合古人的天人观念,"五

色"隐藏着深意。孙星衍疏:"五色,东方谓之青,南方谓之赤,西方谓之白,北方谓之黑,天谓之玄,地谓之黄,玄出於黑,故六者有黄无玄为五也。"

它们的寓意是什么呢?"青"颜色温和,有些像春天,有着草木的颜色,更显出日出的温和,因此"青"代表着东方,五行属木。"赤"有着夏日火烧一样的颜色,尤其像处在南方的烈日,当空普照,酷热难当,所以"赤"代表南方,五行属火。"黄"则是平淡的土色,代表中央,五行属土。"白"依古人理解有着金属一样的光泽,给人以秋天的清凉之感,很有日落时的味道,因此"白"代表着西方,五行属金。"黑"有着无底深渊一样的颜色,给人以寒冷之感,尤似北方的深夜,故"黑"代表着北方,五行属水。

"五色五行"理论支配着中国古代的社会伦理道德,它暗示着人的性格,同时色彩决定着地位尊卑。"五行"理论认为:社会的发展、王朝的更替都是基于五行的矛盾调和、相生相克、循环不已的过程,也就是"五德始终"。"五德始终"认为每个开国皇帝都有一种正色作为朝代的象征色。所谓"正色",就是与五行对应的五种颜色,周朝统治者为了维护社会礼仪,将五色定为正色,象征着社会的高层阶级,与正色相对应的就是"贱色",是除正色之外的其他颜色。由于"五德始终",所以出现了舜尚黄色,主土;取代舜的夏必主木,克土,因而尚青色;代夏而起的殷一定是以金克木,因而尚白色;而周伐殷取而代之,必是火,火克金,尚红色;克火的是水,取代周的朝代必为水,尚黑色,于是秦始皇将黑色定为正色。其后还有西汉尚黄、东汉尚红等的说法。

最初,人们对服饰的颜色并没有严格的规定,"汉初定,与民五禁",颜师古曰:"国家不设车旗衣服之禁。"(《西汉会要·舆服下》)大自然中本无高低贵贱是非的色彩,汉武帝之后,随着儒家倡导的礼乐制度的建立,经过人们的应用加工,颜色就被赋予了很多特殊的意义。某种颜色附丽于某种服饰,就获得了代表某种地位和身份的意义。班固在《白虎通义》中指出:"夫礼服之兴,所以报功章德,尊仁尚贤。故礼尊尊贵贵,不得相逾,所以为礼也,非其人不得服其服,所以顺礼也,顺则上下有序。"从此,在服饰领域,颜色成为区别贵贱、尊卑的一种手段。在人们的文化心理上,很容易造成对颜色词的特定文化内涵意义的认识。

在中国古代有非常严格的服色制度,人们根据服饰色彩区分穿着者的地位尊卑。

相传,秦始皇一统天下后,他认为自己的秦国是发迹于渭水流域,一定是因为水德才得到天下,而水正是由"黑"表示,于是秦始皇即位时穿的龙袍,就是黑色的,这与后世皇帝的黄袍截然不同。

汉代官服无论何时何地都穿着黑色,不论等级高下,官服一样,所不同的是所戴帽子的差别。汉高祖灭秦后,觉得自己是从南方沛县起兵,一定是南方的火德庇佑,而火是由"赤"来表示的,所以刘邦提倡穿红,就连他的龙袍,也在黑的基础上加上了赤红。汉代的官服样式一直沿袭到魏晋南北朝时期。

隋唐建立后,正式把服饰的颜色作为区别贵贱尊卑的一种手段。黄色专用于皇帝的服饰,官员和平民不能擅自乱用。隋炀帝规定,用衣服的颜色将官员与百姓分别开来。他传下旨意,规定穿紫袍的必须是五品以上的官员,穿红、绿两种颜色的是六品以下的官员,一般的小吏们只能用青色,而平头草民只能使用白色,社会地位最低的屠夫商人,只能穿黑色的衣服。

唐代时丝织技术比较发达,官员的服装质地好,形成了一种"品色衣"制度,所以唐朝的官服服色区别更为明显。唐太宗贞观年间规定,皇帝穿黄色的龙袍,百官三品以上的穿紫袍,四品五品穿深红袍子,六品七品穿绿袍子,八品九品穿青色的袍子。宋元明清各朝大体沿袭了这种制度。

从隋唐到宋再到明清,除了明朝将国色定为红色外,皇帝的服色也从这一时期基本稳定为黄色。

明太祖在洪武二十六年颁布了有关官服形制的规定,要求群臣所穿戴的官服形制,依照唐宋时期的形式来执行,外边要穿上红罗上衣、下裳和蔽膝,内里要穿白纱单衣,头上要戴有梁的冠,脚上要穿白袜黑履,腰上要系革带和佩绶,冠的梁数的多少以及绶带上的纹饰差异表明了官员不同的品级。

到了清代,北方胡服兴起,明代服色制度被一概废止,只不过在顶戴花翎和补子上代表官位的高低。一般来说,清代的官员以穿蓝色官服为主,穿绛色的只是在庆典的时候,另外平时所穿的外褂是红青色的。穿素服时,也可以穿黑色的官服。

从官员服色等级化的过程中我们可以看到,服色很早就被赋予了意义。从隋唐品色服制度正式形成后,由此确立的服色贵贱尊卑秩序在以后的一千多年间大致上都保持稳定。在等级观念强烈的古代社会,服色有着特殊的尊卑和贵贱意义。

先秦人认为正色比间色尊贵,由此颜色出现了贵贱之分。《礼记·玉藻》记载:"衣正色,裳间色。"上衣是正色,而下衣则是间色,上下衣服颜色之分有如等级一样不能错乱,正色与间色好比君王与臣民、上与下的关系一样不可颠倒、不容混淆。孔子曾叹:"恶紫之夺朱也……"(《论语·阳货第十七》)

正是因为朱为正色，紫为间色，紫色大行其道，便是僭越礼制的行为。

　　一般来说，越艳丽的色彩越显尊贵，黄色与红色是最为尊贵的色彩，红色是明朝的国色，而黄色更是在唐、宋、清等几个繁盛朝代中被作为帝王的象征。

　　红与黄之外，便是紫色地位最高，紫色之下，为绿色、青色。官服中等级最低的是青色。白居易听了琵琶女的悲吟后，"江州司马青衫湿"，感叹自己"天涯沦落人"，那时正是他遭贬谪的时候。南北朝五胡乱华时，匈奴人刘聪俘获了晋怀帝，命他"著青衣行酒"（《晋书·孝怀帝纪》），这被看作是极大的侮辱。即使在民间，青色也是地位较低的人所穿的，如婢女、百工和娼家男子。

　　现当代社会人们在服色上也有差别，但由于现代社会并不是等级社会，人与人之间的分别更多的在于职业而非社会等级，因此现代人服色的差异很大程度上体现着行业的不同，如邮政部门的绿色制服、医疗工作者的白大褂等。

　　现代生活中，人们通过服色传达情趣爱好，穿红戴绿，各取所好。在时尚人士的指导下、明星的着装示范下，普通人开始根据肤色、身形及爱好，选择适合自己的服装颜色。中国人摆脱了"正色""间色"的等级束缚，走出了"蓝蚂蚁"的压抑，迎来五彩斑斓的"花蝴蝶"时代。

　　有一个与衣服颜色有关的说法。据说"红灯停、绿灯走"的交通信号是起源于服装的颜色，你知道吗？19世纪在古老的英国约克城，女士们对穿衣服的颜色很讲究。一些已经结婚并建立了家庭的年轻妇女，为了避免一些鲁莽小伙子追求的麻烦，都穿起红色的衣服。红色警告男士们"我已结婚，请不要向我求爱"，明白地告诉这些求爱者此路不通，没有商量的余地。一些未婚的姑娘们则穿绿色的衣服，告诉周围的男性公民们"我正待嫁，你可以向我求爱"，这当然需要竞争。这些无声有色的信号保持了社会的安宁。

　　当时在英国城市里的主要交通工具是马车，在交叉马路口常常撞人碰车。为了减少这样伤脑筋的交通事故，英国政府就借用女人着红绿装的含义，在1868年伦敦议会大厦前的马路上安装了两盏一红一绿的煤气灯做交通信号。红灯表示禁止通行，显示危险。绿灯表示可以通行，显示安全。这样一来，马车轧人和撞车的事情就显著减少。到了1886年汽车问世后，这种红绿灯的信号就显得尤为重要。目前这种红绿灯的信号制度已为各国认可和采用。

1.赤:红色崇拜

说不清具体从哪一年开始,出现了一个叫"中国红"的名词。中华民族在对内对外的形象传播上都以红色为视觉文化符号,进而成为民族文化的象征符之一,凝结成一种浓浓的"中国红"情节。

2012年7月27日,第30届夏季奥林匹克运动会开幕式在伦敦奥林匹克公园主体育场"伦敦碗"举行。当中国代表团走进会场时,满眼中国红,点亮了世人的目光。

图20 2012年伦敦奥运会开幕式 旗手易建联执旗入场

不难发现,只要有中国人的地方就有炙热的红色:过年过节,要张贴大红对联;嫁女娶妇,要披红挂彩;生了孩子,要送红喜蛋;往来送礼,要用红纸包裹;开张奠基,要剪红绸缎。无论穿的、戴的、用的、摆的,无论男女老少、富贵贫贱,无论表彰大会、开业庆典、文艺演出……哪儿哪儿都少不了这鲜艳的红。

到了每年春节,中国人更是把红色运用到了极致。家家户户"红色"迎门:红色的灯笼,红色的春联,红色的窗花,红色的鞭炮,……铺天盖地,令人目不暇接,甚至就连雪白的馒头上,也要点上几粒醒目的红点儿。在中国人的情感里,红色代表着喜庆吉祥。

红色中蕴涵的喜庆和吉祥,也使它成为婚礼等庆典活动的首选颜色。如每逢喜庆日子都要挂大红灯笼,贴红对联、红福字,男娶女嫁时要贴大红"喜"字、穿红衣服、戴红盖头、坐红花轿,新郎新娘也要用红线拴起来,办喜事还叫办红事,媒人唤作"红娘",亲人要给红包,甚至放的鞭炮外壳都是红色的,人们祝愿小日子过得"红红火火"。

另外红色在南北民俗里也有避邪躲灾的意思,所以在大年三十,尤其是本命年的人,便早早地穿上红色内衣,系上红色腰带,或者佩戴用红色丝绳系挂的饰物,以期趋吉避凶、消灾免祸。

许慎《说文解字》云:"红,帛赤白色。从纟,工声。"段王裁注:"按此,今人所谓粉红、桃红也。"古代的"红"就是今天的"粉红色"。 王逸《楚辞章句》:"红,赤白色。"可见,上古之红色与今之红色所指有些区别。红,自汉以后又指大红,像鲜血一样的颜色,即与"赤"色完全相同。赤,本为大火之色,俗谓今之红色。《说文解字》:"赤,南方色也。从大火。"段玉裁注:"火者,南方之行,故赤为南方之色。从大者,言大明也。"。

据考古发现,红色是原始人崇拜的色彩,早在山顶洞人时就已经用红色来涂染装饰品。李泽厚在《美的历程》中提到:"所有装饰品的穿孔,几乎都是红色,好像是它们的穿带都用赤铁矿染过","山顶洞人在尸体旁撒上矿物质的红粉"。可见,在远古时红色就是一种受崇尚的颜色,它代表生存的火的颜色和生命血的颜色,如果生活中没有火、人没有血,其结果都是死亡。因此,原始人奉红为上色。红色鲜艳,跳动如火,古代常用红色的火驱兽,使人类获得充足的食物,另外用火来烧烤食物,使人类得以延长寿命。

中国人对红色的偏爱大概起源于对太阳神和大地之神的崇拜。烈日如火,其色赤红,红色是源于太阳的颜色,因此古人认为"日为德,月为刑,月归而万物死,日至而万物生"(《淮南子·天文训》)。阳光下的万物生机勃勃,令人振奋。出于对太阳的依恋和崇拜,象征太阳的红色也备受国人青睐。在"五行五色"理论中,红色被尊为正色,可以生万物,可以生百色。

我们的古人将赤色视为正色,将古之红色视为间色。不过,红色,在我国人民心目中早就视为珍贵之色,如《论语·乡党》:"红紫不以为亵服。"其意思是说,君子不用浅红色(近乎赤色)和紫色的布来做平常家居的衣服,因为红、紫在春秋之时已被视为贵重之色。

不仅如此,就是我们民族名称中的"华"字也来自红色崇拜。周朝尚赤红,不仅大祭祀用赤牛,就是一般人名也直取其字以求祥瑞。例如晋大夫羊舌赤字伯华,再如孔门弟子公西华名赤,等等。何以如此?因为"华"本身就含有赤红之意。在当时凡遵守周礼崇尚赤红的人和族,都被称为华人或华族,通称为诸华。破译这一文化密码,就不难理解中华民族名称本身就暗示出这是一个崇尚红色的民族。

周代冕服中十二文章施以五色,其中就有红色。在舄中,以赤舄为上,即红鞋才能与冕服最配,可见周朝时人就尚红。到了汉朝,汉高祖称自己是

"赤帝之子"。赤,就是红色。从那时起,红色就成了人民崇尚的颜色。汉朝以后,我国各地崇尚红色的风俗习惯已基本趋向一致,并一直沿袭了下来。

红色还是官服中官品高的人才能用的颜色,一般三品以上才能用绯色,五品以上为红色,故民间没有喜庆之节,是不能随便用正红的颜色的,因为它还用来区分等级。他们在皇族中推崇红色,红色象征着特权与富足,在公用印章上更可以见到红色,这时的红色代表了更多的自信与权威和不可侵犯。与此相对,老百姓普遍穿灰、黑、蓝等色,但是在建筑上,窗框、门框等需要勾勒轮廓的部分总是用红色来装饰,象征一种富贵与吉祥。

明朝规定,凡送皇帝的奏章必须为红色,称为红本;清朝也有类似的制度,凡经皇帝批定的本章统由内阁用朱书批发,也称为红本。红色成为皇帝批发文书的专一颜色,称为"朱批"。朱批具有无上的权威性。红色代表权威性这种象征意义一直延续到今天,现在凡重要的文件就用红色字体标注题头,称为"红头文件"。

红色也被看作是革命的颜色。共产党人领导的革命,以红为标识:红旗指引,红标语鼓动,组织红色政权,得了天下叫红色江山。新中国的胜利是用鲜红的血换来的,红色是火焰是鲜血。"东方红,太阳升,中国出了个毛泽东。"这是在中国陕北民歌基础上创造的革命歌曲《东方红》中的第一句。红色是阳性的,能给感官带来亢奋的感觉,对鬼魅这种阴性的玩意是一种威慑。红色代表勇气、斗志。

科学实验证明,在各种色调中,红色最能给人视觉感官以较为鲜明强烈的刺激,任何一种颜色的华美程度都无法与红色相比。无论是直接印象与感受,还是超越时空的想象与联想,都是如此。

在古代,红色的自然色染色技术发达得最早,是那时生产力有限条件下最容易配出来的颜色。在热带和亚热带的光照下,红色是最易被视觉收到的色彩,因为这种奇妙的现象,蜜蜂采红色花花粉的机会明显大于其他种类的花,在这个地理区域,红色的花分布最广,数量也最多,蜜蜂帮助了红色的早期流传。

中国人天然适合红色。从技术数据上讲,通过对中国人皮肤的测试,60%以上的人群属于暖色系列,即所谓的黄、橙、红等色范畴。在这个范畴里面,对于穿衣的搭配而言,这种肤色的人穿红色最漂亮。红色作为中国人心目中的最爱,既属偶然又是必然的,没有色彩的世界是暗淡的,没有"中国红"的世界不是完整的世界。

2.黑、白：永恒的流行色

毫无疑问，黑白两色是整个时尚界永恒的底色。黑色与白色，时装中永远不会丧失时尚度的颜色，无论每年的流行色如何改变，T台上的黑色和白色都是永远的色彩。在每一季的时装发布会上，世界顶级的设计大师们都会在自己的作品上，或多或少地利用黑白色来表达自己的设计理念，来完成时装的魅力。黑白色，在时装设计师的手中，或者流行，或者复古怀旧，或者前卫，都在不停地进行着自己的时尚演绎。可以说黑白色，是T台上永恒的流行色。

在色彩的世界中，黑白色属于无彩色系。在古已有之的认知观念上，在传统世俗的观念里，黑色的衣服，是工人和仆佣的制服，是葬礼的丧服。但是1926年香奈儿将黑色裙子变成女装的时候，很快征服了那些巴黎街头的时尚女人们，小黑裙成就了一种特殊的自由和传统规范之外的女性之美。在时装史的众多转折点上，小黑裙被不断地重新演绎，成为知识分子、摇滚一族和庞克一族共同的心头好。可以说，是在香奈儿之后，黑色才进入了时尚颜色的行列，在T台上被无数的设计师和无彩色系爱好者发扬光大。香奈儿所钟爱的黑色与白色，变成了一种绝对性的美感协调与时尚追求。黑色的神秘高贵和白色的纯洁清净，逐渐成为时尚T台上永远耀眼的颜色。

中国古代对黑、白两色的理解有与今人不同的文化深意。文献资料和考古发现证实，夏代以黑色为尊，商代唯白色是尚。夏文字虽不可识，但夏文化的代表——龙山文化出土的陶器却以黑色最多、最精美而被人称为黑陶文化。《礼记·檀弓》明确指出："夏后氏尚黑。"《孔子家语》《吕氏春秋》等文献也有类似的说法。墨子及其弟子尊夏禹行夏道，衣服全然黑色布料。韩非子说夏禹以黑漆涂抹食器、祭器，彰示着生活领域中的全方位尚黑观念。至于商代，则色彩迥异。《王制》有商"缟衣而养老"的记录。缟衣即素白之衣，用它来作为尊老、养老的表示与象征，显然是非尊贵之品不足以承当的。《吕氏春秋》更明确地说，商汤之时，"其色尚白，其事则金"云云。

夏商不仅是先后朝代，而且也是东西并列同时发展起来的朝代。夏在西，商在东；夏以龙为图腾，商以凤为崇拜。西方为日落处，尚黑自有神秘与厚重；东方为日出处，尚白当是明亮与开阔。龙图腾者，因龙多潜藏，隐身云里、雾里、水里，故爱其黑的深邃；凤崇拜者，以其展翅翱翔亮丽无比，故崇尚白的圣洁。

黑色，在中华民族悠久而博大的文化史中，以它丰富的内涵蒙上了一层朦胧的神秘之感。《说文解字》云："黑，火所熏之色也。从炎，上出。"段玉裁认为许慎的训释中应补上"北方色也"四字，因而注曰："依青、赤、白三部下云，东方色，南方色，西方色，黄下亦云地之色，则当有此四字明矣。"段氏认为"黑"依五行之说应为"北方色"。

黑色在夏、秦及汉初，人们则把它视之为正色之一，这时期的黑色在人们心目中有着相当高的地位。《史记·秦始皇本纪》载："方今水德之始，改年始，朝贺皆自十月朔。衣服、旄旌节旗皆上黑。"那时，黑色的衣服为帝王和官员的朝服。汉代的东方朔向汉武帝追述孝文帝之治时，颂扬文帝"身衣弋绨"（弋，黑色；绨，厚缯）。就是尚赤的周代，周王也爱黑色。据《礼记·月令》记载，周天子在冬季也要"居玄堂""乘玄路，驾铁骊；载玄旗，衣黑衣，服玄玉"。周、秦两代可说是一个"黑色"时代。

黑色，在中国民间曾经是常用服色。因为染起来方便，穿着又耐脏，比较实用，所以旧时许多人喜好穿黑色衣服。但一般也忌讳纯黑色，总要与蓝色、橙色、杂色搭配起来穿。另外，在给死者做寿衣时，要用蓝色，一般是禁忌用黑色的，民俗以为穿黑衣会使死者转生为驴。不过，黑色尚未见有官方从制度上的明禁，其凶色的俗见，还是流行于民间，其忌讳纯黑的习惯，也是由不同地域内民众的心意自然调节的。

白色在我们民族的文化意义中主要被认为是高雅、纯洁之色。白色之来由，众说纷纭。许慎《说文解字》："白，西方色也，阴用事，物色白。"汉代五行之说盛行，谓日为太阳（极盛的阳气），位东方主青色。月为太阴（极盛的阴气），位西方主白色，故白为西方色，即白色之称。

白又为凶丧之色。古人常以白色为丧事或丧服之色。守丧者身穿白色服装，或头、胸戴白花，系白头绳。此习俗沿用至今。服饰忌白的习俗，当起于染术精湛的后世。中国染色的起源，虽是很远古的，但因染术不精，古人用之不多，故上古时，人们并不忌白。当时人们通服白色衣，丧服则以精粗为序，不以色辨。民间父母在，"冠衣不纯素"，即是恐有丧象的意思。这时民间仍可穿用一部分白色衣冠，但是一般不可"纯素"，以免有不吉之象，说明白色还并不是严厉禁止使用的凶色，但已开始有"纯素"不吉的讳忌心理存了。大约到了唐宋时期，厌白尚彩的风习便普遍流行于民间了。宋朝以后，民间服饰忌白和以白色为凶色就成为官方制度确定下来了。

从文献记载来看，秦、汉时期黑不具备"恶""反动""坏""狠毒"等文化意义，只是以黑白比作是非、曲直。屈原《九章·怀沙》："变白以为黑兮，倒上以为下。"句中的黑白比喻屈原所处的政治环境黑暗，是非善恶不辨。"黑"之有"恶"义，恐怕是受佛教的影响。《俱舍论》卷16云："诸不善业，一向名黑，染污性故。色界善业一向名白,不杂恶故。""黑业"就是"恶业","白业"就是"善业"。由此,"黑"与"白"则成为"善"与"恶"之异名。随着佛教影响的不断扩大,佛家的观念逐渐为人们所接受,"黑"这个本无恶义的词就有了"邪恶""不洁"等含义了。

白色,在中华民族的传统观念中,具有矛盾性的文化象征意义。商代尚白,白深受商人重视,学者们又称商为"白色的时代"。白色与霜雪的颜色相同,因而白有洁净之意。因白色的素绢为其本色,所以素又有质朴无华之意,后以"素丝易变"比喻那些浮沉世俗中的高洁君子,如不注意思想品行的修养,也会丧失其纯洁的本性而变"黑"。在社会生活中,常以"清白"喻指那些不违法乱纪、不干坏事的人。在日常生活中,常以"清白"指那些贞洁女子。

对于黑、白颜色的文化心理解读,东西方有一些相似之处。当人类处于原始时期,黑夜与死亡对人类来说都是神秘的、严酷的。每当黑夜降临,生命就要受到威胁,漆黑的环境,神秘莫测;人死了,被埋入地下,里面也是一片黑暗。因此,黑暗与死亡,都同样让人感到恐惧,所以黑色被视为丧色。在欧美,以及澳大利亚、新西兰等国家参加葬礼的人们都穿上黑色的服装,以表达自己对死者的哀思,便是这种原始的遗风。在我国,人们戴黑纱以寄对亲人的哀思,具有同样的社会意义。在汉族中,黑色作为丧事的象征,或不祥之兆。

而在东西方文化中对于白色却有不同的理解,体现了文化的差异性与多样性。在西方文化中,白色与黑色有着完全不同的含义:白色是阳光,是神的象征,因为白天的到来,为原始人类驱除了恐惧,赶走了死亡的威胁。因此,白天给人以安全感,给人以"生命",白天由此又变得神圣、纯洁,给人带来吉祥。古埃及人、古希腊人和古罗马人都崇尚白色衣服,其道理就在于此。欧美人举行婚礼,新娘的婚纱必须是白色,即此含义的延伸。

据说身穿婚纱进行结婚仪式的习惯最早是从英国流传开的。在西式婚礼上,新郎通常身穿长礼服,与身着白礼服裙、头戴白色头饰的新娘,在神坛前许下婚誓。他们在神职人员和亲朋好友的见证下,完成神圣的结婚

图21　白色婚纱

仪式。之所以西方人选择白色作为婚纱的颜色,是因为在西方文化中,白色代表了纯洁与神圣。

而在中国,白色却是丧服的主要颜色。在中国文化中,白色是枯竭而无血色、无生命的表现,象征着死亡与凶兆。古人信奉阴阳五行学说,西方为白虎,属于刑天杀神,主肃杀之秋,因此古人常在秋季征伐不义、处死犯人,以顺应天时。白色也因此成为古代的颜色禁忌。比如,古人在服丧期间要穿白色孝服,丧事被婉转地称为"白事"。此外,主家还要设白色灵堂,吃"白饭"(米饭),出殡时打白幡、撒白钱。和白色有关的词组,也带有了不吉利的意味,比如将带来厄运的女人叫作"白虎星",骂人智力低下为"白痴"。甚至白色还象征奸邪、阴险,如戏剧中奸邪之人一股扮为"白脸",曹操就是这类典型。

随着人类的发展进步,东西方文化的不断碰撞交流,黑色和白色已不仅仅代表黑暗与光明、死亡与神圣,它们同时又具有了其他的含义,而这些含义已被世人普遍接受。在许多庄重的场合,男士们都穿黑色的礼服,以显示身份和地位,同时也显示男性的阳刚之美。在举行婚礼时,中国人也接受了新郎黑色的礼服与新娘白色的婚纱。

黑与白,可以说和人类共存,即使是在服装色彩如此丰富而变幻异常迅速的今天,黑白也从未失去过光彩。无论是老年人、中年人还是青年人,无论是男的还是女的,黑色服装都能给你增添几分庄重,白色服装都能给你平添几分纯洁。这两个颜色的配置,只要运用得当,永远不会失去魅力。可以这样说,黑白年年用,效果年年新。

3.青:生命的颜色

青,作为颜色,是古人认为的五正色"青、赤、黄、白、黑"中列为首位的颜色。《说文解字》:"青,东方色也。木生火,从生丹。"青在古汉语中与"苍"同。《广雅释器》:"苍,青也。"《礼记·月令·孟春》:"驾苍龙。"郑玄注:"苍,亦青出。"《说文解字》云:"苍,草色也。"因此,青在古代也指草色。《古诗十九首》"青青河畔草,郁郁园中柳"中之"青"就是指草色。许慎释之为"东方色",是沿用周秦五方、五色之说,所释非为"青"之本义,实乃其象征意义。据推测,古人所谓的"青"是一种深绿色的矿石的颜色,根据"五色"与"五行"相对原则,"青"与"木"相对应,因此古人认为草木的颜色为青色。

古人对颜色的区分并不十分明显,汉语的"青"作为颜色讲时,还有蓝色、绿色、黑色的意思。"青"有时指蓝色,如《荀子·劝学》中"青,取之于蓝而青于蓝"。青天,即指蓝天。《红楼梦》中薛宝钗咏柳絮词中"好风凭借力,送我上青云"中的"青云"即指蓝天中的云。"青"加深近于黑色,所以古人将黑色也说成青色。李白《将进酒》中的诗句"君不见高堂明镜悲白发,朝如青丝暮成雪"中的"青丝"即指黑发。青色更多被认为是绿色,白居易《琵琶行》中有"座中泣下谁最多,江州司马青衫湿"之句,这里的"青衫"是唐制八九品官服的绿色衣衫,着青衫者官位低微。绿,古人视之为间色。因古人将绿色列入间色,绿便有了卑微的文化意义。

中国有个俗语叫"绿帽子",其隐含的意思是一个男人的女人和别的男人偷情、相好,那么这个男的就被称作是被戴了绿帽子。被人戴绿帽子是件很不光彩、丢人、丢脸面的事情,来源于元明时期妓院里做工的男人戴的绿头巾。东汉以前,士大夫阶级所戴的乃是冠,而头巾只能用于平民或贱民。唐代颜师古在注解《汉书》提到绿帻时,亦曰:绿帻,贱人之服也。这一制度沿用至唐代,按唐制,六七品低级官吏穿绿衣。也正因为绿头巾为低贱的装束,唐代李封在当延陵令时,吏人有罪,不加杖罚,但令裹碧绿以辱之,随所犯轻重以定日数。元朝统治者规定妓女着紫衫,娼妓及乐人家的男子裹青碧头巾。因此,当时的绿头巾就已是娼妓之家的专属。将妻有淫行者称为绿头巾、绿帽子或戴绿帽子,乃是这种服色传统一脉相承的终极结果。绿头巾和绿帽子,也因此从一种服装的记号语言升格成日常用语,延续至今,就诞生了中国男人最怕的一顶帽子:绿帽子。

今天,青色与绿色常用来指草木之色,其意义完全相同。绿色是大自然中植物的最基本色彩,成了大自然中最宁静、最美丽的色彩。绿色是人类最喜欢的色彩,也是与人类生活最密切的色彩。因此绿的文化意义极其丰富,它成了生命、希望、信心、繁茂、青春、和平等的象征。绿色使人联想起草地、森林、庄稼、自由、和平与宁静,使人想起青春、生命,给人以信心与希望。有意思的是,世界各国的军服不约而同都选用了绿色,在这里,绿色具有了保护色的意义;头戴贝雷帽,身着起源于12世纪英国绿色迷彩服的联合国救援部队,从另一方面说明了绿色所具有的和平意义。

《圣经·创世纪》中一个故事更清楚地描述了绿色的象征性:上帝为惩罚人类的罪恶,曾使洪水将大地全部淹没,义人诺亚遵上帝意制造方舟,带领全家和留种的所有动物避入。一天,诺亚放出鸽子去探测洪水是否已退去。当鸽子返回时,嘴里衔着一片新拧下的橄榄叶子,由此诺亚知道洪水已退去,平安已到来。这样,橄榄枝和鸽子成了和平、希望、平安、喜悦的象征,鸽子被美誉为和平鸽,橄榄叶的绿色成了象征和平的色彩。

另外,蓝色也成了当今时代的流行色。蓝,甲骨文、金文中均未见。在上古汉语中,蓝本为一种草本植物,其叶可以提制蓝色染料。《说文解字》云:"蓝,染青草也。"蓝色多指晴天无云的天空之色,也指宁静的大海之色,所以称天为蓝天,称大海为蓝蓝的大海。古代的蓝色有时与青同,它又包括各种深浅不同的黑色、灰色及青色等。

中国人对蓝色有着变幻不定的审美评价和好恶。进入近代,特别是20世纪50年代和60年代蓝色几乎成了流行色,男女老幼的服装均用蓝色。不过中老年人多喜欢蓝色,他们认为蓝色庄重。蓝色有时带有肃穆的意味,因此人们常用其以象征不朽。古人认为鬼脸是蓝色的,因而不太喜欢穿蓝色的衣服。中国人头上一般不戴深色或浅色的蓝花或蓝头绳。因"蓝"与"难"谐音,所以人们常以蓝色象征遇到麻烦或困难。今天,人们有时视蓝色为消极、冷酷的颜色,常将它与平静、寒冷、阴影相联系。

4.黄:至尊的颜色

黄,在五正色中是备受中华民族推崇的颜色。在漫长的中国古代社会,它被历代统治者视为至尊之色。《说文解字》云:"黄,地之色也。从田,芡声。芡,古文光。"段玉裁注曰:"土色黄,故从田。"黄色的命名是以土为根据的,故黄为土色。土对东南西北四方而言又居其中,因而又为中央之色、中和色等。《淮南子·天文训》:"黄色,土德之色。"《汉书·律历志》:"黄者,中之色,君之服也。"

以黄土高原为发源地的中华民族视黄色为五正色之一,是与它的农耕文明有着不可分割的联系。自远古时代出现人类以来,在黄土高原和黄河沿岸,人类聚集而居,狩猎、采集、织布、农耕,生儿育女,繁衍生息,造就了中华民族上下五千年的历史。

四千年前,黄河地区一部族首领轩辕氏帮助炎帝打败蚩尤,统一了部落,之后轩辕氏又战败炎帝统一各部落成为联盟部落首领,当时人们称其有"土德之瑞"(当时制陶业已有一定发展,人们看到土经过烧制能变成各种陶制品,因此把土看得很高贵),兼之西北高原一带的泥土为黄色,所以称其为黄帝。在他的统治下,不断繁衍的中华民族有了一个统称——炎黄子孙。可见黄色在中国远古时期就已经成了中华精神的象征、民族的象征。

在长期的历史文化发展中,黄色在中国对中国人的影响渐渐从天文地理的自然形态转变为社会形态。从远古时代被人们单纯崇拜,演变到封建时期对人性对国家的控制,黄色被赋予了政治色彩,并逐渐渗透到国家政权中。《周易·坤卦》"天玄而地黄",在五行中"土为尊"。此后这种思想又与儒家大一统思想糅合在一起,认为汉民族为主体的统一王朝就是这样一个处于"中央土"的帝国,而有别于周边的"四夷"。黄色通过与"正统""尊崇"联系起来,为君主的统治提供了合理性的论证。黄色就象征着君权神授,神圣不可侵犯,黄色成为历代封建帝王的专有色,应用到皇室的衣食住行各个方面,来体现中央集权的目的,在此,黄色兼具了政治色彩和国家机器的功能。

古代帝王的袍服——黄袍,往往被看作古代帝王服色的象征。黄袍作为帝王专用衣着源于唐朝。黄色服饰在我国古代一直比较流行,唐以后,皇帝已不情愿自己和一般人同着黄袍了,唐高祖时就曾"禁止庶不得以赤黄为衣服",唐高宗时又重申"一切不许着黄"。但这时的规定并不严格,一般百姓着黄衣仍然较多见。到了北宋时期,北汉与契丹南侵,赵匡胤率兵北征。960年,到陈桥驿时,众军士以黄袍加其身,拥立为帝,旋回兵汴京,正式登基,从而使黄袍正式成为皇权的象征。宋仁宗时还规定:一般人士衣着不许以黄袍为底或配制花样。自此,不仅黄袍为皇帝所独有,连黄色亦为皇帝专用。王楙《野客丛书·禁用黄》:"唐高祖武德初,用隋制,天子常服黄袍,遂禁士庶不得服,而服黄有禁自此始。"

在中国封建社会,对黄色的运用,到了清朝达到了空前的强化。如"黄袍"(皇袍)是天子的龙袍,"黄钺"是天子的仪仗,"黄榜"(皇榜)是天子的诏书,"黄马褂"是清朝皇帝钦赐文武重臣的官服。皇帝行经的道路在诸条并行道路的中央,称为黄道。紫禁城里皇帝的座椅,镶有龙纹的柱子、琉璃瓦、一些陶器瓷器上的黄色装饰,都是皇权的昭示。

图22　龙袍

黄色是光线的颜色,人们常常把它和太阳联系起来,也常常把它和一切发光的东西联系起来,故而也把它和一切神圣的东西联系起来。在我国,黄色历来都被视作一种高贵的颜色，将它定为天地的根源色，这从北京中山公园社稷坛的五色土上可以得到证实。社稷坛是明清两代帝王每年春天告祭天地、祈求五谷丰登的场所，坛由五色土按方位组成，东青西白，南朱北玄，黄色居中，象征着中国大地。黄色的尊贵，在东方的几种古老宗教中也得到了体现，在道教、佛教、印度教以及儒家思想中，黄色都是地位最高的色彩。

而在西方，信仰基督教的人是忌讳黄色的，据说是因为当年出卖耶稣的犹大穿的是黄衣服。在中世纪时，法律曾规定犹太人必须穿黄衣服，以区别民族的贵贱。16世纪西班牙的宗教法庭规定，异端者必须穿黄色衣服，当时的法国还规定，罪犯人家的门必须漆成黄色等。这些戒律延续下来，也许就是欧美人不喜欢黄色的原因。

无论东西方对黄色的含义与使用存在着多大的差异，其结果都一样，即黄色在民间不常用。前几年，各种黄色衣服在国内流行开来，其源头在西方。而西方人在思想上突破传统观念，穿起黄色服装，也是经历了较长的时间：20世纪80年代初，西方的色彩专家，色彩研究组织以及化工、纺织业界人士，为了突破历史传统的桎梏和生活陋俗，首先从服装开始大力宣传黄色，前后共用了四五年时间，最后人们终于接受了它。

随着时代的发展，黄色的文化意义也变得复杂起来了。黄金时间，指电视台、电台播映、播音时，收视、收听者最多的时间段；又通常指极其宝贵的时间。除此以外，黄色进入现代后，常用来象征祸害。如"黄色文学""黄色电影""黄色歌曲""黄色书刊"等。今天常讲的"扫黄"，就是指扫除那些格调低下，带有色情、淫秽的文学艺术及卖淫、嫖娼等危害国家、民族的不良行为。在体育竞赛中对那些违犯规章的运动员则用"黄牌"以示警告；对某些下级单位完不成任务，或质量上不合格，上级单位或有关主管部门常出示"黄牌"予以警告。"黄牌"成了危险的信号。

黄色是如何从至高无上的地位而跌入"黄色下流"的深渊的呢？这主要是受西方文化影响的结果。一种说法是，1894年，英国有一份《黄杂志》创刊，这份杂志以一批有19世纪末文艺倾向的小说家、诗人、散文家、画家等"颓废派"文艺作品为主，作品有时带有一点色情意味，使得"黄色"与性、色情、恶俗等概念发生了联系。传到中国之后，便被称为代表低级媚俗色情的"黄色小说"。

另一种说法是，19世纪末彩色印刷机在西方出现，美国报业大王普利策在他的《纽约世界报》星期刊上定期刊登着色连环画——《霍根小巷》，故事描述的是廉租公寓的生活，每张画的中心人物是个穿着肥大衣服、没有牙齿、张嘴大笑的幼童,印刷工人给幼童衣服上涂抹上了黄色,他成了不朽的"黄孩子"。后来这个"黄孩子"变成了普利策的《纽约世界报》和赫斯特的《新闻报》互争销路的广告张贴画。在反对他们的新闻人士看来,这个"黄孩子"似乎象征着流行的、公众赞同的那种煽情新闻。"黄色新闻"这个名词很快便传开了。百度上对"黄色新闻"的解释是,以极度夸张及捏造情节的手法来渲染新闻事件,尤其是关于色情、暴力、犯罪方面的事件,达到耸人听闻,进而扩大销售数量之目的的新闻报道。

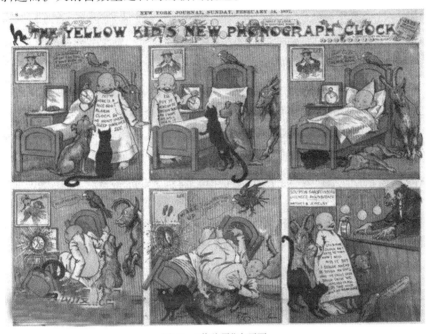

图23 "黄孩子"连环画

不过任何事物都有其另一方面,尊贵的黄色由于明度很高,所以在人们的日常生活里它又常被用在引人注意或告知危险的施工场地,如目前小学生普及的"小黄帽",以便在过马路时引起过往车辆的注意即是一例。总之,黄色由传统而形成的禁忌性与生活中的警戒性,使人们觉得黄色应用在日常生活中不太合适,也可以说黄色要用得得当不是件容易的事。

对于中国人来说,由于肤色普遍偏黄,黄色衣服并不是人人都适合穿。我们知道,黄色具有明亮、温暖、醒目等特点,对于皮肤白皙而又红润的人来说,各种黄色的效果可能都较好,特别是淡黄色服装,更能衬托出皮肤的魅力。但如果肤色偏黄、偏黑或黄中透青,建议还是不穿黄色服装为好,因为一不小心就会让服装把自己衬托出病态来。

二、中国自古至今的色彩观变化

颜色崇尚不是任意为之的，它包含着历史、文化的背景。由颜色的崇尚，表现出各朝各代对颜色所体现出的色彩观的形成。

从"盘古开天地"始，我们就有了色彩的意识。从出土的各种陶器来看，最早的陶器均用手工制成，花色简陋，多是棕色。到了山顶洞人时期，人们已经能够熟练使用赤铁矿为颜料，将装饰品染成红色。赤铁矿粉的运用，已经在一定程度上体现出山顶洞人的审美追求。

到了商代，人们能用一些自然界的矿物、植物为衣料染色。不仅能染出像蓝、红、紫、黄等单色，还会使用套染法，将几种颜色混用进行染色，从而套染出多种颜色。

根据文献记载和考古发现，战国时期的丝织品已经有了多种色彩。《诗经·豳风·七月》里有这样的诗句："载玄载黄，我朱孔阳，为公子裳。"意思是说，纺织品染着不同的颜色，有黑色的，有黄色的，而最鲜亮的是朱红色的，可惜这些都不是为自己，而是为贵族公子做衣裳用的。

相较于原始时期人们只能提取自然界的现成色彩加以利用，春秋时期的先民们就懂得了利用人工合成颜料，按照人们的喜好进行调色、做色、染色，这样，人们对色彩的需求开始从单一向多彩发展。当然，经济的发展，国力的强盛，也为人们的色彩追求提供了物质基础。汉代刘熙在《释名》中对青、赤、黄、白、黑、绛、紫、红等颜色的解释，也说明了色彩审美与色彩取向在汉代已成体系。

经历了汉末的战乱，社会生产力受到影响，经济处于恢复期的魏晋时期，由于文化上崇尚清淡，不拘礼节，这时的服饰显示出随意的特性。魏初，文帝定九品官位制，"以紫、绯、绿三色为九品之别"。

隋唐时期，官吏服饰等级差别开始用颜色来区别，用不同花纹来表示官阶。在服饰色彩上，最具有代表性的是品色衣制度的成熟。以唐代为例，官分九品，三品以上着紫色，四品深红，五品浅红，六品深绿，七品浅绿，八品深青，九品浅青。着紫穿红者便是身居高位者，而青色衣着者，官卑职微。这种对色彩尊贵卑贱的人为划分显现出政治意识对色彩审美的渗透。

唐代国力强盛，处于民族大融合时期，兼收并蓄是它的时代风格。体现在色彩运用上，除遵循一定的色彩禁忌外，日常生活中的色彩运用追求的是多样性和绚丽多姿。杜甫名诗"两个黄鹂鸣翠柳，一行白鹭上青天。窗含西岭千秋雪，门泊东吴万里船"，短短四句，给我们描绘出好一幅色彩缤纷的画卷！唐人们就是这样用诗的语言,描绘着生活的美态。

宋代服饰,一般贵族和官僚妇女衣着虽然不及唐代华丽,但是在配色上已很大胆,打破了唐代以青、碧、红、蓝为主色的习惯。民间开始更多地使用复杂而调和的色彩。由于清明扫墓必须穿白色衣裙,在宋代还曾一度流行"孝装",时人以一身素缟为美。宋初在服饰色彩上讲求组合搭配、变化与统一。李清照《如梦令》:"昨夜雨疏风骤,浓睡不消残酒。试问卷帘人,却道海棠依旧。知否? 知否? 应是绿肥红瘦。"红与绿的对比,形成强烈的色彩反差,传达出一种对比与和谐。

白色在元代曾颇受推崇,风靡天下。帝王的旌旗、仪仗、帷幕、衣物多喜白色。另外元代参考了蒙汉服制,对上下高官以及平民百姓的服色等做了统一规定,由于禁令的限制,反而促使劳动人民因地取材创造了种种不同的褐色,有四五十种,后来甚至还影响帝王衣着破例采用褐色。

朱元璋建立明朝后,确立了朱为正色。明代科学技术的发展,对外贸易交流的增多,颜色更趋繁盛。明人宋应星著作《天工开物·诸色质料》就记载了数十种色彩。

清代的色彩比明代又有增多。在人文社会中,处处体现出色彩带来的美感。

在中国古代,社会非常重视色彩的社会影响力和象征作用。殷代尚白,周代尚赤,秦代尚黑,汉代尚红,魏代尚黄。黄色渐渐成了帝王的象征。除了政治集团对色彩的权力意识表达外,国力的强盛、经济的发达,也对人们色彩意识的形成和用色彩来表达情感起着推波助澜的作用。

在服饰的穿戴和选择中,色彩的影响尤为显著。色彩可以产生或愉悦或郁闷的情绪,这已经被科学研究所证明。现代社会,人们有了闲情雅致,讲究生活品位,为了改善生活质量,对色彩的多样性和丰富性的追求也成为一种主动意识。

三、服饰色彩的象征含义

中国服色崇拜的发展,由山顶洞人撒红粉发端,经由夏商周春秋等不同时代文化的洗礼与增益,虽后来有《吕氏春秋》将五色说融入天人感应的历史模式中,有董仲舒更简化为循环论的三统说,有后来帝王皇族的世俗阐释,但就其基本轮廓而言,中华民族色彩选择的心理机制的形成,除却政治因素外,还有生活方式、风俗习惯与道德信仰等社会文化因素。发展至今日,红、黄二色在中国人心中的审美意象几乎全然是它的正值,而不同于其他民族所赋予的负值，如红色有屠杀、血腥等意，黄色有胆怯、嫉妒、猜疑、色情、淫秽、卑鄙等意。

在中国封建时代，服饰色彩作为等级差别的象征和标志。鲜美的正色只准统治者使用，社会下层只能用白（素）、青、黑等色，服色上可通下、下不可通上。其中红色、黄色和紫色在中国文化中的地位最为尊贵。如丞相佩戴着"金印紫绶"，用紫色的绶带系黄金印章，将紫与金色并提，作为高贵、尊严的象征。最典型的是72万平方米的北京紫禁城，建筑近千幢，房屋近万间，用得最多是红、黄两种色彩。远观最夺目的是红色宫墙、红色宫门，近看最醒目的是红色的大立柱、红色的门窗，饰以黄色的龙纹，最能衬托皇帝的权势和威严。

最近的研究结果表明，中国人黑眼睛色素较重，对光谱中暗色一端的蓝黑诸色辨认较为笼统，而红黄二色均居于光谱序列的亮色一端，明度较大，对黑眼睛形成了一种富有刺激性的审美关注，容易产生审美愉悦。红黄二色被社会文化诸因素所选定，又巧遇生物性因素的共鸣，而形成了中国人数千年不易的审美意象，红黄二色最终成为中国人色彩文化的主色。

每个时代，每个国家、民族、地区都有各自的象征色彩。从时代角度而言，每个时代都有每个时代的色彩象征；这些色彩往往表示进步，有不落伍的含义，色彩因时代的演进更新而成为标志，服饰中流行色就是一个很说明问题的事实。美国一位色彩学家曾说：人有自我与环境的调和及随流行的要求。这正是色彩在心理上所以能够建立地位的重要渊源之一。第二次世界大战后，欧洲人为祷念死去的亲友，喜欢穿黑色服饰，以表达自己悲哀的情感；现代工业严重地破坏了生态平衡，人们明白了环境保护的重要性，于是流行起"森林色"来；人们厌倦了紧张的都市生活，向往闲散的原始或乡村生活，于是原始图案、民间色彩流行起来，掀起了时装色彩的复古风。中国20世纪60年代到70年代，由于社会政治运动影响，导致全国男女老少服饰统一为军装绿色。70年代到80年代，中国结束了以阶级斗争为纲的政治运动，人民物质文化生活得以改善和丰富，精神面貌也发生了根本变化，对服饰中单调的灰、蓝、绿色产生了厌倦，比较丰富多样的铁锈红、玫瑰红、粉红、湖蓝等服饰色彩开始流行。由于改革开放和受西方文化的影响，服饰色彩空前地呈现多元化的新气象，这一切都是服饰色彩时代象征的体现。

服饰是一个国家和民族的象征，它不仅反映了人们的生活方式和生活水平，而且形象地体现了人们的思想意识和审美观念。其可谓是一面镜子，不同民族、不同时代、不同政体、不同经济的衣着面貌各不相同。美国著名的服饰心理学家伊丽莎白·赫洛克曾指出："在生活中,也许没有什么东西比服饰更能看出总的社会风尚。只要略察一下某个时期的时装,我们就能准确地知道当时具有代表性的思想和事件,知道一个国家总的伦理道德状况、男女地位……因此流行服饰也就成了时代的缩影,并且在人类历史上留下了不易除去的痕迹。"可见,服饰及服饰上的色彩,在不同的时代和历史的演变中,强烈地反映出时代文明特征和社会审美风貌,因而服饰的美也呈现出不同的面貌。

服饰色彩对穿着者的性格也有一定的写照。以小说《红楼梦》为例,书中人物众多,上下几百号人,从皇妃亲王、公子小姐到丫鬟仆人,在曹雪芹笔下,可谓是人各有性,体各有态,衣各有色。"斑竹一枝千泪滴"构成了林黛玉多愁善感、悲凉凄切的性格和气质,她衣着清雅素淡,常以白、月白、绿的基色来象征她纯洁、冷寂、哀愁的身世和命运。柔和、甜美的粉红色,象征薛宝钗八面玲珑、审慎处事的性格。王熙凤这个外貌美艳、穿着华丽、心狠手辣的荣国府内管家,攒珠嵌金,五色斑斓,彩绣辉煌成了她性格的写照。

服饰色彩的象征性,更突出地体现在一些特殊的制服上。如军服、警服、僧侣服和邮电部门的绿色服装等都具有非常明显的标志性象征。"观其服,知其人"就是这种印象的概括。服饰色彩的象征性,绝非是一个简单的内容,只有从许多方面去理解、去探寻,才能真正把握住服饰色彩象征的内涵。

服色：从单色到多彩
FUSE: CONG DANSE DAO DUOCAI

服质:从葛麻到丝绸

一、古代服饰质料的发现与演变

从赤身裸体到身着衣裳是华夏文明的一大进步。《淮南子·氾论训》云:"伯余之初作衣也,续麻索缕,手经指挂,其成犹纲罗。"即黄帝时代的大臣伯余发明了衣裳。毫无疑问,黄帝时代中国已经处于农耕文明,伯余做衣的原料一定是由纤维编织而成。也就是说,我们的祖先早在6000至7000年前就已经发明了纺织技术。

先民们在对服装材料的想象、搜寻、研制与探索中,从自然之物到人工纺织物,从花草树木到葛麻丝毛皮棉纸等,对服装材料的寻找运用彰显了他们的智慧。

一般文化学者推测,服饰材料的起源为草木花卉,以植物花叶、树枝、树皮为着装材料,这大约是万年以前的情景。对"花叶为衣"的记忆,我们可以从古代文献中得到印证。古代诗人屈原以"余幼好此奇服兮,年既老而不衰"自诩,对服饰颇为关注。他在《山鬼》一诗中则描述了一位以藤萝花草为衣裙的女神:"若有人兮山之阿,被薜荔兮带女萝。既含睇兮又宜笑,子慕予兮善窈窕。"诗人这一深情唱叹亦是历史的写真。

其实,初以花草树皮遮体这一着装现象不独限于中华大地,而是带有普世价值与审美趣味。在西方文化经典《圣经》创世纪的神话故事中,人类的始祖亚当、夏娃就用无花果枝叶来编织衣服;在古希腊奥运会上,冠军的奖赏就是以桂枝带叶编成桂冠;格罗塞《艺术的起源》一书则记录了安达曼群岛上的土著民以卷拢的露兜树叶为头巾,而女人则用许多根露兜树枝为带子围在臀部上,下面挂着用叶子做成的围裙……

树皮装也是由花草枝叶提炼向使用纤维迈进的重要一环。《太平寰宇记》《文献通考》和《黎歧纪闻》等典籍中均有记载,海南黎族自古以来"绩木皮为布"。树皮装可谓是远古服装的活化石,它体现了先民借生物之力以助自身生存的智慧,体现了征服自然万物的精神与技术。而这今天仍可作为高端创造的借鉴,以其天人合一的自然和谐,映衬出现代科学技术下服装创造与制作的弊端。

　　动物毛皮作为衣装材料,可以追本溯源,至少与草木花卉同步。远古游猎时代,先民们以动物为食的日常狩猎与驯养活动,使其更多地接触到动物毛皮,进而产生利用的想象与实践当在情理之中。但在皮革鞣制技术远未滋生时,兽皮的僵硬不屈削弱了它的着装亲和力。于是在相当长的历史时期,古代文献描述这一着装现象时,似乎着意强调它的原初性与简陋性。例如《汉书·舆服志》:"上古穴居而野处,衣毛而冒皮。"又如《史记·匈奴列传》潜隐地以中原衣冠文明的目光而直视游牧部落的粗陋:"自君王以下,咸食畜肉,衣其皮革,被旃裘。"旃裘即兽毛、兽皮的衣装。

图24　树皮衣　　　　　　图25　兽皮衣

　　在遥远的过去,人类开始用天然石块、树枝等捕击野兽,冬则用所获的兽皮掩盖保护身体和保暖,夏则裸身或拣取树叶遮掩阳光,免受炎烈。这样和动物只依靠其本身的皮毛来保护或保暖已有区别,也就是说人类已脱离了动物的境界。

　　随着对自然界的不断利用,先民开始了对植物纤维的不断发现,人类的衣生活日渐多样,感受也就更为丰富了,服饰的意义向多层面拓展开去。似乎可以说,葛藤的发现及其作为中长纤维的提取,使之经过多层面的整理加工、纺织到裁、缝,是服饰文化史上值得大书特书的事情。它在技术上是花叶草树为衣的整合与提升,在材料上是一种抽象与提纯,在款式制作上需借助于构思预设,从而有了更多的创作自由度。

考古工作者曾发现过五六千年前的葛布。葛是野生植物，南方的山区尤其常见，悬于崖壁之上，长十余丈。可能是受了大自然的启迪，这种野生植物最早被古人用来做编织材料。加工方法是先用水煮，除去表皮后，露出洁白细长的纤维，搓成线绳可以编结成网状衣披身，或是做铺盖。古人"冬裘夏葛"，说明葛是夏季的衣服材料。战国时期，南方地区纺葛相当普遍，越王勾践被吴王战败后，一面卧薪尝胆，誓死复仇，一面向吴国俯首称臣麻痹对方，曾一次进贡给吴王夫差葛布十万匹，足见当时南方纺葛业的普及。

春秋战国时期，葛纤维逐渐被麻纤维所替代。中国是大麻和苎麻的原产地，因此国际上常常习惯称大麻为"汉麻"，称苎麻为"中国草"。我国最早的文学作品《诗经》中就多处提到过麻，如"东门之池，可以沤麻"等。西周时人们已知沤麻脱皮的方法。古代织麻布有个特殊的计量单位叫"升"，15升布就可用来制作官吏的朝服，最细密的麻布是30升，用来制冕，叫麻冕。从种种古籍中可以得出这样一个结论，那就是当时的中国人冬日衣裘皮，夏日就主要以葛麻为裳。《诗经》中记有"不绩其麻，市也婆娑"。《韩非子·五蠹》篇中有关于尧的穿着考证，即称其"冬日麑裘，夏日葛衣"。早在汉代，我国的麻布就销往中亚和印度。唐宋以后，麻纺技术更加精良，织成的麻布接近罗纱，称"皴布"。

麻的纤维粗且短，使用前需要先将麻纤维小心地分成细缕，然后再依次捻接成较长的纤维，这一操作称为绩。绩的过程费时费工，且需要很高的技巧，是一项难度很大的工作。现在人们常说的"成绩"，就是从"绩"这种纺织操作引申出来的。

最原始的纺织方法，大约要算古书上所说的"手经指挂"，即将经线列成行，然后用手工把纬线横穿其中，再用工具把纬线打紧。所用的经、纬纱线是用纺锤拈成的。考古发现新石器时代的遗址中，就有纺锤和纺棒。关于纺车的文献记载，最早是战国时的"孟母断机"。孟子读书不用功，孟母将手中快织成的布剪断，教育孟子做事不可半途而废，要有恒心，被儒家推崇为美德。这是织机的最早文字记载。在江苏省泗洪县曹庄出土的汉画石刻上，雕刻有妇女纺织的图样，可以清楚看出斜织机的机架，操作人可以坐着织造，用梭子穿引纬纱，用脚踏代替手提综线。

图26 东汉纺织画像石拓片(斜织机)

据考证,蚕丝出现晚于麻的利用,但商代时已出现"蚕""桑""丝""帛"等甲骨文字,表明蚕丝在当时已得到广泛使用。中国养蚕缫丝的历史悠久,利用蚕丝织衣料也已有近五千年的历史。最初是利用野蚕丝加工,后来很快掌握了饲养家蚕的方法,成为主要的纺织原料,得到广泛应用。养蚕缫丝的手工业在古代社会生活中十分重要。春秋时期,吴楚两国还曾为了争夺边邑上一块质量好的桑田发生过战争。在长期的封建社会里,丝织品不仅是人民的衣食之源,同时也是国家赋税的主要收入,因而不少封建王朝分给人民耕地时,都格外给予一定数量的桑田,以保证政府的税收,也促进了养蚕业的发展。

我国的劳动人民在生产实践中很早就掌握了"蚕理"和缫丝技术,也有一整套相应的生产工具,丝织品的种类多,名称各异,工艺水平很高,在当时是仅有的。从蚕茧中抽取蚕丝的过程称为缫丝。缫丝通常使用水煮的方式,一方面利用水的高温杀死茧中的蚕蛹,另一方面因为蚕丝是动物纤维,含有大量动物胶质蛋白,通过加热,使其中大部分胶质蛋白溶于水中,从而起到分离纤维、顺利抽出蚕丝的目的。缫丝是一道工艺要求十分严格的工序,水质、水温及浸泡时间等因素都会影响蚕丝的品质。中国古人经过长期实践,总结出一整套行之有效的缫丝经验,中国也因此成为世界优质蚕丝的主要产地。

宋代以后,棉逐渐取代麻成为最廉价的纺织原料。棉起源于近赤道的热带干旱地区,经长期自然驯化和人工选择,棉花纤维具有了纺织价值。中

国植棉历史至少已有两千多年。《尚书·禹贡》有"岛夷卉服，厥篚织贝"的记载，常被解释为当时东南沿海一带居民已穿着棉织品。汉武帝（前140—前87）时海南岛植棉与纺织已相当发达。中国古代所称吉贝、古贝、古终藤等，一般系指棉花，有时也泛指棉织品。随着棉花传播到中原地区，以后元代的《农桑辑要》和《王祯农书》均已采用"棉"字，沿用至今。

13世纪末的元代，古代著名纺织家黄道婆（1245—1330）在海南岛向黎族学得种棉和棉纺技术，回故乡后改革纺织工具和工艺，并加以传播，促使长江下游地区植棉业迅速发展。经元、明、清三代的提倡，长江流域、黄河流域的棉区不断扩大。

图27　取茧

二、丝绸的起源

说到作为服装面料的种种纺织品，最富有中国色彩，也最为人们看重的应该是中国先民首先利用的蚕丝制品——丝绸。著名考古学家夏鼐先生曾经指出："中国是全世界一个最早饲养家蚕和缫丝制绢的国家，长期以来曾是从事这种手工业的唯一的国家。有人认为丝绸或许是中国对于世界物质文化最大的一项贡献。"①

利用野蚕吐出的丝进行纺织，这是人类利用自然的一项重大成就，丝绸也曾经是中国特有的纺织原料。有人将全世界使用的纺织原料划分为四个地区：一是南亚地区，使用棉纤维；二是地中海地区，使用亚麻与羊毛；三是美洲，使用棉花与羊毛；四是中国，古代居民注意到蚕丝这种自然现象，并且天才地将它纺织成绢帛，创造了灿烂的丝绸制品。

中国古代居民使用蚕丝、驯养家蚕有数千年的历史了。《山海经·海外北经》中记载："欧丝之野在大踵东，一女子跪据树欧丝。"是说在大踵东边一个

---

　①夏鼐：《中国文明的起源》，文物出版社，1985年，第45页。

叫欧丝之野的地方,生长着三棵高达百丈的巨大桑树,桑树旁边跪着一个女子,她的嘴里不断吐出丝来,供给人们使用。这是蚕神的雏形。《史记·黄帝内传》载:"黄帝斩蚩尤,蚕神献丝,称织维之功。"是说黄帝战胜蚩尤后,这位蚕神曾经向黄帝贡献蚕丝,从而使中国有了蚕丝。

在中国古代,人们又把蚕称作"马头娘"。 这源于东晋神话故事集《搜神记》中讲述的一个故事。故事说,古代有个女孩儿,父亲外出不归,她十分想念父亲,就对家里的马诉说,并且开玩笑说,如果马能把父亲接回家来,就嫁给马做妻子。没想到马当时就挣脱缰绳跑了,一直跑到父亲所在的地方。父亲很奇怪,还以为家里出了大事,立刻骑马赶回。回到家后,父亲感念马的好,拿来上等的饲料喂马,它只是盯着丰美的食物不大肯吃,可是一见女

图28 "马头娘"

孩儿走过来,便又跳又叫,神情异常。父亲很奇怪,便问女儿,女儿将实情告诉了父亲。于是父亲用埋伏的弓箭把马射死,然后剥下它的皮晾晒在院子里。一天父亲外出,女孩儿一边用脚踢着马皮一边怒骂。忽然马皮从地上跃起,包裹起女孩儿奔向远方。事后父亲到处寻找女儿,在一棵大树的枝叶间发现自己的女儿,不过这时她已身裹马皮,成为一条蠕蠕而动的虫。只见她慢慢地摇动着马一样的头,不时地从嘴里吐出一条条金光闪闪的丝,并把丝缠绕在树枝上。后来人们就把这吐丝的生物叫作"蚕",并把此树称为"桑"。

根据现有的考古资料推测,中国古代对野蚕的驯养与家化,可能在新石器时期就已经开始了。浙江余姚河姆渡文化遗址中曾经出土一个小盅,上面刻着四条蚕纹。

真正能够说明蚕茧得到利用的是1926年在山西省夏县西阴村发掘到的半个蚕茧。据发掘者李济和昆虫学家刘崇乐的研究,初步断定为桑蚕茧。茧壳长约1.36厘米,幅宽约1.04厘米,是用锐利的刀刃切去了茧的一部分。西阴村所代表的时代较早于仰韶期(距今5600~6000年),因此,它的出现为人们研究丝绸起源提供了实物。

图29　河姆渡遗址出土的蚕纹骨器

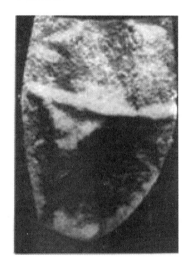

图30　西阴村出土的茧壳图

最早记述丝绸起源的古籍是汉代的《淮南王·蚕经说》，其中有"伏羲氏用蚕桑制成穗帛（织物），并作了三十六瑟（乐器），以蚕丝为七十二弦"。这是第一种说法，蚕桑起源于伏羲，即渔猎时代。《豳风广义·蚕说原委》持同一种观点，说"伏羲氏采峄山之茧，抽丝为弦，以定音律，而天下归化"。

第二种说法是，"神农耕耘土地，教民种植桑、麻，用来制作布帛"。那么，蚕桑起源于农业时代。《孝经》和这个说法差不多，说"神农耕桑得利，终年享福"。

第三种说法比较经典，说"黄帝元妃西陵氏始蚕，盖黄帝制作衣裳由此始也"。号称良史的司马迁落笔是非常谨慎的，他在权威性著作《史记》中是这样写的："黄帝元妃西陵氏亲（教民养）蚕。"同意这种说法的古籍书就多了，如《皇阁要览》说"伏羲化蚕，西陵氏始蚕"。《通鉴外纪》说得更具体，"西陵氏之女嫘祖,是黄帝的元妃,开始教民养蚕,取茧治丝,用来制作衣服,使天下的人从此无因风吹日晒皮肤皲裂和生冻疮之患,后世称她为先蚕"。

传说,嫘祖嫁给黄帝之后,常到河滨去。一次她在河滨的树上见到了一个像是鸟卵的白团(蚕茧),掰开一看,里面躺着小虫。嫘祖很好奇,就向当地人打听,人家告诉她这是龙马相交时的遗精所化。嫘祖带了几个白团回家。几天后,白团化出蛾,雌雄相配,产下了不少的虫卵,嫘祖将这些虫卵收了起来。第二年春天的时候,虫卵里生出了小虫,嫘祖便上山采桑树的嫩叶喂养它们。这些虫子一天天地长大,嫘祖给它们取名蚕(天虫)。当这些蚕长到白白胖胖、浑身有光泽时,它们便不再吃桑叶。嫘祖于是将它们转移到干草上,不久蚕开始吐丝、结茧。这时,嫘祖便将这些蚕茧扔到沸水中煮,她发现煮过的蚕茧居然能够抽出丝来。从此以后,她便开始种桑养蚕。

后来,嫘祖将养蚕的方法传授给其他的妇女,这样养蚕抽丝的技术就逐渐传播开来,不过那个时候人们还不能织出像绫罗绸缎这类的精美织品。实际上,绫罗绸缎中的绫、罗、绸、缎是指不同的丝织品,因为它们代表着丝织品中的精髓,所以后人便以"绫罗绸缎"来泛指各种精美的丝织品了。

嫘祖神话成为上古中华养蚕和纺织的象征。根据传说,在中原地区,作为最早最知名的贤内助,嫘祖时常对百姓子民说:"农桑是国家的根本。"人们普遍认为,当时的中国,普天之下包括中原地区和周边所谓"蛮夷"各地,无人不怀念嫘祖之功,都认为她协助黄帝把国家治理得井井有条,又因为她的养蚕和纺织,更被后人尊为中国的"蚕神""先蚕""先蚕娘娘"。

不过,这里还有一段有关蚕丝的神话,却是比较古老的。说黄帝

图31 嫘祖养蚕

打败了蚩尤,在庆功会上,有蚕神来献丝,一绞颜色黄得像金子(大概是柞蚕丝,也可能是桑蚕丝,已染色),一绞白得像银子。黄帝见了这样美丽的东西,大加赞赏,便叫人用来织成绸。绸子又轻又软,光泽无比,就用它来制作衣裳和礼帽。黄帝的元妃嫘祖也亲自把蚕养育起来。人们纷纷仿效,从此种桑养蚕取丝就逐步推广开来。这个故事,《绎史》上也有类似记载,说"黄

帝斩蚩尤,蚕神献丝,称织斑之功",大致是有来头的。

有一个关于丝绸的故事,出于夏朝最后一个统治者履癸(帝桀,亦称夏桀)。他是一个十足的昏君,躲在长夜宫里,男女杂处,十旬不理朝政。他还修造了一座高大华丽的宫殿,叫作瑶台,整日和嫔妃、倡优、狎徒在一块儿歌舞淫乐。据说宫内还有一个酒池子,里面可以行船,谁想喝,就伸长脖子像牛饮水那样喝个痛快。有一次牛饮竟达三千人,有的人醉而溺死。他的宠妃妹喜最爱听绸子撕裂的声音,他就让人把宫内存放的各种精美绸绢拿来让宫女们尽力地撕,以那绸子撕裂时发出的吱吱声来取乐。从这个故事中,不难想象出当时丝绸生产的规模和消费水平。

这些神话、传说以及古籍记载是否真实,我们姑且不去讨论它,但是,把蚕丝的发现和利用跟伏羲、神农、黄帝这些民族文化的代表人物联系在一起(有的甚至还和盘古联系起来),这件事本身就已充分说明了丝绸文化在中国民族文化中的地位。所以,可以这样说,丝绸文化与中华民族文化并存,也可以说,古老的民族文化中孕育着丝绸文化,丝绸文化是中国民族文化的一个重要组成部分。

三、历代丝绸生产

中国历来重视丝绸生产,根据现有的资料来看,可以肯定,至迟在商代时丝绸的织作和利用就已相当普及,并已具备一定的生产规模,掌握了比较高的织造技术。

商代的丝绸,我们可从出土文物中约略窥知一些。由于年代久远,埋在地下的商代丝绸是很难看到比较完整的了。值得庆幸的是,在现出土的个别商代青铜器上还黏附有少许丝织物的残片,可供我们参考。丝绸为什么与青铜器粘连在一起呢?这是因为青铜器在商代是相当贵重的物品,当时盛行厚葬,商代的帝王和贵族死后,除以奴隶殉葬,还习惯把他们生前喜爱的东西,特别是铜器,包裹上丝绸,一同放入墓中陪葬。随着岁月的流逝,这些铜器受到了不同程度的侵蚀,表面出现了斑斑锈痕。而包在铜器上的丝绸,却因铜锈渗透,与铜器黏附在一起,避免了微生物的侵蚀,得以一并保存下来。在河南安阳、河北藁城台西村等殷商贵族墓葬中的青铜器上,都黏附有这样的丝织物残痕。

《管子》中有一段用丝绸换谷子的记载,大意是:商朝初年商的伊尹,奉殷王命令去攻打夏朝最后一个国王桀时,了解到夏朝丝绸的消费量很大,桀荒淫无道,所养伎乐女竟有三万余人,而且全都穿丝绸衣服,于是就用

"毫"这个地方女工织的丝绸和刺绣品从夏换回大量谷物粮食。这表明在商初,已将丝绸品作为商品来交换了。

　　秦汉是中国古代丝织手工业生产蒸蒸日上并且业已达到比较成熟的时期,这时期的丝织产地东起沿海,西及甘肃,南起海南,北及内蒙古,覆盖面相当广。汉代丝织品不仅产量大,而且品种繁多。仅以《说文解字》所列为例,其中收录有关纺织包括丝绸的字就有几十个,属于丝绸品种的就有锦、绮、绫、纨、缣、绨、绢、缦、绣、缟,等等。

　　1972年长沙马王堆一号墓出土素纱襌衣,衣长160厘米,袖通长195厘米,重量仅48克。而今天蚕丝禅翼纱仿制品却有51克。

图32　素纱襌衣

　　唐代的绢帛,除作为实用品外,还作为实物货币被广泛使用。这是因为丝绸既具有实用价值又具有交换价值,在政局动荡和通货膨胀时,更易显示它存在的意义,所以早在唐以前就有人用它代替实物货币使用,等到唐代遂更加普遍了。

　　唐代丝绸比之汉代,在工艺、品种和纹样上都有新的发展和创新。以锦为例,从文献和出土实物看,锦的品种繁多。如果以唐代作为时代的分界,织锦技术可划分为两个阶段,唐以前是经锦为主、纬锦为辅,唐以后以纬锦为主、经锦为辅。可见纬锦的出现是唐代织锦技术上的一次非常重要的进步。

图33　唐代云头锦鞋

自宋代起，南方丝织产量全面超过北方，完成了自唐代起丝织生产由北逐渐南移的过程，奠定了明清以至现代江苏和浙江两地丝绸兴盛的不可动摇的格局。

元、明、清时期的丝绸生产技术是我国古代丝织技术达到最高水平的时期。这时期绫、罗、绸、缎、纱、锦等各大类品种的纹样花型、产品质量和风格在继承前代的基础上，又有了新的发展，并分化出许多有地方特色的名优产品。例如，缎有杭州的杭缎，纱有广东的粤纱，绸有苏州的绉绸和绵绸，绫有吴江的吴绫，锦有南京的云锦、苏州的宋锦、四川的蜀锦等。

在古代，织造一匹丝绸是一件十分烦冗的事。丝绸的生产工艺，主要包括缫丝、织造、染整三道工序。缫丝，就是将蚕茧抽出蚕丝的工艺；织造，就是将生丝经加工分成经线和纬线，并按一定的组织规律相互交织形成丝织物的工艺；染整，可以概括为对纺织材料进行以化学处理为主的工艺过程，包括精炼、染色、印花和整理四道工序。

四、中国丝绸的对外传播

丝绸在中国出现是一个奇迹。中国是家蚕丝的发源地，养蚕、缫丝是中国古代在纤维利用上最重要的成就。早在新石器时代，中国已发明丝绸织造以及朱砂染色技术，此后随着织机的不断改进、印染技术的不断提高，丝织品种日益丰富，并形成了一个完整的染织工艺体系，使中国古代的丝绸染织技术领先于世界各国。丝绸美丽、神奇，便昂贵。随着丝绸产量有了较大的增长，丝绸贸易也普遍展开，《诗经·氓》中就有"氓之蚩蚩，抱布贸丝"的诗句。司马迁在《史记》中记载战国大商人白圭做生意而获取巨利的秘诀是"岁熟取谷，予以丝漆；茧出取帛絮，予之食"，即丰年时收购粮食、抛出漆和丝,荒年售出粮食、买进丝和漆。随着丝织品生产的发展,丝织品的贸易不限于中原,而逐渐流向远方。

在中国古文献记载中,中国丝绸西传的发端,可追溯到公元前10世纪的周穆王时代。据考古学及西方艺术史的研究,认为在公元前5世纪便有传至中亚乃至希腊的丝绸实物例证。因此有理由认为,中国丝绸向外传播,最迟不会晚于战国时期。这也可以从希腊人最初称中国为"赛里斯"(Seres)一事中得到佐证。

西方古代文献报道中国,便是从丝绸开始的。公元前5世纪初叶的希腊人克泰夏斯是最早报道东方世界的欧洲学者,他说东方有"赛里斯和北印度人"。公元前150年前后,希腊人托罗梅记述马其顿商人梅斯所派遣的代理人,从幼发拉底河到东方经商时,曾到过中国,托罗梅也称中国为"赛里斯"国。赛里斯,即Seres的音译,Seres一词是由希腊语赛尔(Ser)演变而来的。Ser意即蚕丝,Seres即丝绸之国。丝为中国特产,所以"赛里斯"便成为中国的代称。中国和西方早在公元前5世纪前后已经有了直接或间接的接触,而丝绸则是重要的媒介之一。

然而,由于地理和历史条件的局限性所致,当时能真正了解中国丝绸的人毕竟极少,在许多西方人的心目中,中国和它所产的丝绸都带有十分神秘的色彩。

周朝的时候中国已经设立了专门的蚕桑管理机构。两汉时期发达的蚕桑业和丝织业,除了满足国内各阶层人们的需要以外,还有大量剩余产品,供周边地区国家和民族,以及国外人民的需要。这种供给,主要是通过丝绸之路进行的。张骞出使西域,开通了著名的丝绸之路,建立了通往中东和欧洲的通道。中国的丝绸和蚕桑养殖技术也逐渐随着丝绸之路传到了其他国家。当丝绸沿着古丝绸之路传向欧洲,它所带去的,不仅仅是一件件华美的服饰、饰品,更是东方古老灿烂的文明,丝绸从那时起,几乎就成为东方文明的传播者和象征。

丝绸之路沟通了中西文化交流的渠道,中国文明沿着丝路的方向往西传播。古罗马辉煌于欧洲的时候,中国正处于西汉时期,大量奢华精美的丝绸通过丝路,进入了罗马,激发了罗马贵族和上流社会的阵阵惊喜,引为至宝。凯撒大帝也是一位"丝"粉。有一次,他穿了件丝绸长袍出席大会,引起全场惊呼。那套丝绸长袍在他身上,是那样华美、高贵,如梦如幻,把全场的贵族全给镇住了。从此,丝绸在古罗马又有了个新名词:梦幻般的衣服。中国风在古罗马越刮越猛,贵族和上流社会,谁要是没几件丝绸服装,基本上

可以确定混不下去;谁有了套新颖的丝绸服装不找个地方显摆显摆,他会三天吃不下饭。当时丝绸的价格,已经超过黄金,而贵族和上流社会依旧趋之若鹜。

丝绸是中国古老文化的象征,中国古老的丝绸业为中华民族文化织绣了光辉的篇章,对促进世界人类文明的发展做出了不可磨灭的贡献。中国丝绸以其卓越的品质、精美的花色和丰富的文化内涵闻名于世。

五、丝绸的魅力

丝绸素有纤维皇后之称。在五彩缤纷的服装面料世界中,丝绸以其高雅名贵、自然柔美的品格而独占鳌头。丝绸制品具有天生的高贵气质,华贵而不落俗套,柔和中透露出潇洒,充分表现出人体处于动态和静态时生动、自然、流畅的美。自古以来,丝绸就获得了"文采珍奇"的赞誉,是举世公认的最高贵的服饰材料。

丝绸的手感好,穿起来感到舒适惬意。这是因为,蚕丝是一种蛋白质,它是由桑叶的植物蛋白,经蚕吸收消化转成了动物蛋白。这种动物蛋白与人体接触,就会产生一种微妙而和谐的舒适感。

丝绸透汗吸湿,夏天穿着倍觉凉爽,这也是丝绸本身的特性所造成的。丝纤维具有特殊的结构,一根茧丝只有半根头发丝那样粗细,然而,它却是由一百根左右的细纤维所组成的,这些细纤维之间都有一定的间隙,使茧丝具有了多孔性,宛如一幢奇特的屋宇,四面八方都开了数不清的小窗。所以,丝绸的透气性能特别良好。不仅如此,这种蛋白质纤维还有吸湿的特点,它能吸收自身重量百分之三十的汗水而不会让你有潮湿黏连的感觉。

别看丝绸轻薄如纸,但它有相当的牢度。有一家缫丝厂检验室曾做过一项实验。一边是动物分泌液制的生丝,细软绵绵,另一边是矿石被冶炼成金属后做的铁丝,钢骨铮铮。实验的内容,是看看两者在强力(拉力)上谁强谁弱。检验员把一根铁丝与一束与之同样粗细的生丝分别装上检验机后,便开始加力,当力度加到一定界限时,只听"嘣"的一声,铁丝断了,这时,恰好生丝也刚刚断开。实验结果是,生丝的牢度和铁丝的强度是一样的。当然,这里有个前提条件,丝绸是不能拿到太阳底下晾晒的,否则,蛋白质纤维经紫外线照射后变脆,牢度就会大大减弱。

丝绸具有柔软、滑腻和富有弹性的美感。茧丝的断面积只有十六到二十平方微米,一万多尺长的茧丝才只有一克重。因此,用它织成薄绸特显柔软,袅袅娜娜,流动飘逸,形如烟雾。但是,看来如此纤细的茧丝又绝不脆弱,它有很好的伸长度和韧性。它可以被拉长七分之一而又自动复原,因此,丝绸有很好的弹性及悬垂性。另外,丝绸有艳丽的色彩和柔美的光泽。茧丝在结构上具有多孔的特点,各种颜色容易渗透和吸附,而这些细纤维又是白色半透明体。它们立在一起,好似众多的大理石柱子,当光波射来时,这些石柱有的吸收,有的分散,有的反射,有的屈折,形成既不过亮又不过暗的柔和影调与光泽。丝纤维本身又呈螺旋层状,好似珍珠、象牙结构,因而,光线的反射跟着光波的长度,千变万化,形成绸面熠熠闪烁的幽雅光泽。所以,外国人称丝绸有珍珠的内在结构和独异的珠宝光泽,这是很有道理的。

图34 丝绸时装

正是因为丝绸的这些特性,时装界常把丝绸作为高级时装的面料。在使用领域上也尽可能多样化,从衬衫、裙、裤、夹克、睡衣、运动装、羽绒服等服装款式,到围巾、领带、手包等小配饰,不一而足。近年来,蚕丝被的热销也充分说明了国人对丝制品的念念不忘。

不过,由于丝制品制作工艺较为复杂,成本较高,丝绸服装一般都价格奇高,很难成为普通消费者的首选,因而在一定程度上制约了丝绸服装的普及程度。

六、当下丝绸服装的尴尬境遇

自古以来丝绸服装不论是在无数的诗词歌赋中,还是在各种演绎小说里,都有表示奢侈、富贵的意思,能穿着这种真丝面料衣服的主人公大多属于当时社会的上层人士。在真实的历史中,我国古代的丝绸服装确实与礼仪、地位、财富有着密不可分的联系。这其中最能说明问题的莫过于古代皇帝的龙袍以及各级官员的官服,它们都是由丝绸面料制作而成的。实际上,

在古代的时候由于养殖技术的限制，所以桑蚕丝的产量很少，一般只有官员、贵族等才能享用绫罗绸缎，普通的老百姓则只能穿着素色的麻布粗衣。因此，受到历朝历代文学作品的影响，如今在我国大多数老百姓的心目中，丝绸服装仍然是高档货的代名词。

根据2012年的一项调查，消费者对于丝绸似乎都有一种"贵族"情结，但是他们对于丝绸产品的喜爱多于厌恶，86%的消费者有购买丝绸产品的欲望，只有14%的消费者对于丝绸产品并不感冒。既然消费者认为丝绸是他们喜爱的贵族产品，为什么迟迟不去购买或使用丝绸产品呢？除了认为丝绸产品的价格比较昂贵以外，市面上的丝绸产品特别是衣服不够时尚，成为普通消费者对丝绸服装"看而不买"的又一主要原因。

丝绸虽然源于中国，可丝绸制品在国内市场却曲高和寡，拥有者不多，是因为中国丝绸一直依赖以外贸出口为主，而非针对国内市场，所以丝绸闻名于中国，闻名于世界，可国人对丝绸的了解跟热情度并不高。丝绸是我国传统民族产业，在历史上曾有过非常辉煌的时期。但是，近代以来，丝绸行业呈现日渐式微之势，亟待寻求产业突破路径。有着6000多年中国文化底蕴的丝绸产业如今正遭遇着破茧难题。

明代时，中国丝绸业已经达到了一个非常辉煌的时期，当时通过丝绸之路出口到西方，以织锦、丝绒和高档丝绸面料这三类产品为主，主要供王宫贵族和寺院庙堂使用，是名副其实的奢侈品，也是最终消费产品。到了近代，尤其是到新中国成立前，丝绸产业却奄奄一息，年产量最低年份只有30万担，可见，中国丝绸与民族的兴衰紧密相连。新中国成立后，中国丝绸业得到了恢复性增长，即便是粮棉争地的时候，也依然得到了国家的大力支持。中国丝绸在出口创汇的同时，也为中国的经济建设贡献了重要力量。然而，由于受换汇等因素的影响，当时的中国丝绸产品主要是以生丝和坯绸为主，结构上比较单一，只处于初级产品阶段，而在印染等方面发展不够。

到2000年以后，中国经济进入新一轮发展周期。随着江苏、浙江、广东等地区的城市化进程加快，耕地减少，人工成本增加，丝绸作为传统产业，遭遇到不可逆转的种桑养蚕减少的危机。与此同时，沿海的丝绸企业也在进行艰苦转型。在这一时期，中国丝绸已开始向最终成品方向转变。随着人们生活水平的提高，近些年，国人对丝绸的消费又开始回归。从这个意义上来说，中国丝绸正在开始进入一个境界更高、消费丝绸终端产品的"复兴时代"。

配饰：从陪衬到点睛

一、配饰的功用

用漂亮的饰物装饰人体是人类的本能，经过几万年的时光隧道，带着人类原始的艺术智慧和生活情趣，现在服装配饰已经成为现代生活中必不可少的服装元素。作为装饰人体的配饰，范围很大，品种很多，它包含了头饰、手饰、耳饰、颈饰、胸饰、腰饰等，它包括所有与穿戴有关的物品，如鞋、帽、围巾、领带、腰带、手套、手表、包袋、首饰等。它们中有些是实用性很强的，有些是在使用中起到装饰作用的。

从原始社会开始，服装饰品就是人们生活的一部分，无论它起源于保护、羞耻还是装饰，都是人类自我肯定、自我表现的一种方式。在不同的社会里，服饰是一个人等级和身份的象征。每一个民族都有自己的服饰语言，饰品通常被当作连接和点缀，因此，它在个人形象上起着画龙点睛的作用。

如今这些服饰配件已成为现代男女穿衣打扮中不容忽视的一环。它虽然在日常生活中并不是非得与服装配套使用的，但它们的使用更能突出佩戴者的某些出众之处，起"点睛"作用。服饰配件能吸引人们的视点，突出服装的某一部位或点亮服装的整体风格。这类服饰配件运用得当，既可以为服装增添光彩，还可以提高服装产品的档次。

在整体服饰中，配饰往往起着调整、辅助、点缀的作用，巧妙、合理地使用配饰，可以轻而易举地使服装更加完美，更具艺术魅力。从整体角度而言，尽管服装与配饰是主从关系，或者说是整体与局部的关系，但是配饰所起到的作用和效果却是锦上添花的。服装中的配饰虽然处于从属地位，但它在整体服饰中也具有相对的独立性。

二、中国服装配饰的演变发展

我国早在新石器时代就出现了配饰，主要有颈饰、发饰、耳饰、手饰。在周口店山顶洞人遗址中出土了大量的石器、骨器装饰品，有动物的牙齿、鱼骨、石珠和海贝壳。这些饰品无一例外地被人工钻孔，有的还被赤铁矿染成

图35　新石器时代大汶口文化
象牙梳

了红色。在出土时它们分布在人架的肋骨和臂骨之间，无疑是一种颈饰。在山东宁阳大汶口村出土的发饰，用象牙制成，有十七个梳齿，在梳背上还镂刻几何纹饰。耳饰在新石器时代也已经出现，其中耳珰和耳环所见最多，实物在浙江余姚河姆渡等地都有发现。手饰是戴在腕上的饰物，形状为圆环状，一般用玉、石、骨、牙等材料制成，也有用陶器制成的。在新石器时代还出现了戒指，实物在山东宁阳等地发现。

　　随着原始社会的解体、奴隶社会的建立，服饰出现了明显的等级差别，加之纺织技术的发展，人们已经熟练地掌握了纺织技巧。在佩饰方面，由于这个时期多以发辫为主，因此，男子以扎巾为时尚，一般多将头巾卷成长条，绕额一周，而在冬季则戴厚实的皮帽和布帽。这个时期女子多时尚戴假发髻，髻上插六枚发簪。这时鞋多以葛、麻织物为面，皮、麻为底，也有用木底的，木底多用于礼鞋。

　　佩饰在这个时期是极为丰富的，尤其是佩绶，是服饰中的一大特色。佩是指身上的玉饰，绶则是由那条宽约三指的丝带编织而成，是用来系结官印的带子。汉代的官印，大多被盛放在特制的囊内，外出时佩于腰间，绶则垂搭在囊外；也可和官印一并盛于囊中。由于印绶形制不同，纹彩各异，人们一看便知佩系者的身份等级。按汉代印绶制度规定，佩绶者地位越高，所佩之绶越长，最长者达二丈九尺九寸，将近三丈，最短者也有一丈二尺，这样长的绶带，如果任其下垂，势必拖曳于地，为此，人们在佩带时，往往将其打成回环，掖于腰带之下，多余部分则自然下垂，地位越高，回环越多。

图36　汉代佩绶

汉代妇女的首饰以步摇最为时尚。步摇是在簪钗上装缀一个可以活动的花枝状饰物，花枝上垂以琼玉，因在走动时簪钗上的珠玉会自然摇曳，所以得名"步摇"。《释名·释首饰》："步摇，上有垂珠，步则动摇也。"早在先秦时期，就出现了步摇这种饰物，《中华古今注·卷中》载："殷后服盘龙步摇，梳流苏，珠翠三服，服龙盘步摇，若待，去梳苏，以其步步而摇，故曰步摇。"可见，步摇是殷代、周代王后礼服的必要配饰。从汉代开始，步摇无论在质料上还是形式上都较前要复杂而华美。如《后汉书·舆服志》中对步摇的形式做了详尽的描述："步摇以黄金为山题，贯白珠，为桂枝相缪。一爵九华，熊、虎、赤罴、天鹿、辟邪、南山丰大特六兽……"从中可知那时步摇的地位了。到了隋唐，贵妇中皆流行戴步摇。唐白居易《长恨歌》中"云鬓花颜金步摇"就是对杨贵妃的描写。

图37　步摇

魏晋南北朝时期男子时尚扎巾，很少戴冠。所扎之巾，多以缣帛裁成，形状呈方形。使用时将发髻裹住，系接于颅后和前额。大家熟悉的苏东坡《念奴娇·赤壁怀古》中流传千古的名句有"羽扇纶巾，谈笑间，樯橹灰飞烟灭"。"羽扇纶巾"是三国时名士的装束，苏东坡借以形容其从容儒雅。渐渐地，扎巾的风习传播开来，它打破了士庶的隔膜，成为时尚的标志。魏晋南北朝时期的女子非常流行高髻，因此，假发使用非常普遍。为了固定假发，出现了各种形状质地的发钗。有"三子钗""三珠钗""三珠横钗"，以质地区分有玉钗、金钗、银钗、铜钗。

唐代是中国封建社会的鼎盛时期，这时男子官服流行佩戴鱼符。鱼符是中国古代军用虎符的变形，它是一种长

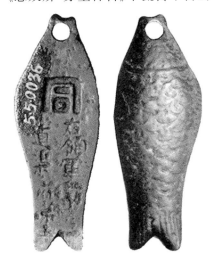

图38　鱼符

约三寸的鱼形饰物，是唐太宗李世民在贞观年间发给官员们的"身份证"。它由木头或金属精制而成，分左右两片，上凿小孔，以便系佩。鱼符里面刻有官员的姓名、任职衙门、官居级别、俸禄几许以及出行享受何种待遇等。鱼符的主要用途是证明官员的身份，便于应召出入宫门验证时所用。

在唐代宽松的政治空气中，女装开放而浪漫，这是一个女子注重自己仪表修饰妆饰成分的时代。除了半臂袒胸外，女子喜化妆，出现了很多妆的名称，如"红妆""晓妆""桃花妆"等，并且有的贵妇化妆要有众多的婢女配合，一化就是一个时辰，甚至为了一次出行，半天都在化妆。而民间的女子，只是到出嫁的时候才会精心打扮一次。唐朝元和年以后，由于受吐蕃服饰、化妆的影响，还出现了"啼妆""泪妆"，顾名思义，就是把妆化得像哭泣一样，当时号称"时世妆"。诗人白居易曾在《时世妆》一诗中详细形容道："时世妆，

图39　时世妆

时世妆，出自城中传四方，时世流行无远近，腮不施朱面无粉，乌膏注唇唇似泥，双眉画作八字低，妍媸黑白失本态，妆成近似含悲啼。"这种妆面的形式是由当时的西北少数民族传来的，其特点是两腮不施红粉，只以黑色的膏涂在唇上，两眉画作八字形，头梳圆环椎髻，有悲啼之状。这种妆梳尤为当时的贵族妇女所喜爱。当然，因为这个化妆方法只是追求另类，所以很快就消失了。

化妆，在我国很早就有了。《楚辞·大招》"粉白黛黑施芳泽"，是说美女善于打扮，傅脂粉使面白如玉，黛画眉鬓黑而光净，又以芳香的膏泽涂发，说明那时的人们就用各种颜色的脂粉膏泽涂在脸上化妆了。《木兰辞》中有："开我东阁门，坐我西阁床，脱我战时袍，著我旧时裳，当窗理云鬓，对镜帖花黄。"这是木兰脱下戎装，换上红装的情景。

宋朝男子的服饰延续了唐代幞头，但有了很大的发展。宋代的幞头已脱离了巾帛的形式，演变成了一种帽子。颜色也由黑色变成了鲜艳的颜色，有的还簪以金银、罗绢等制成的花朵。幅巾在这个时期再度流行，成为文人雅士崇尚的一种装饰。另外宋朝时期，妇女的发髻上的装饰也很有特色，通

常以金银珠翠为材料,制成各种形状的簪钗,常见的有鸟形、花形、凤形、蝶形,用时插在头上。宋朝妇女最有特点的发髻装饰是冠梳,梳子的安插部位,一般在额的顶部,少则四把,多则六把,插时上下两齿相合,左右对称。另外,还有戴簪花和盖头的习惯。

　　明代男子官服最大的特点就是使用了补子和乌纱帽。补子就是在胸前和后背各缀一方补子,文官用禽,武官用兽,补子的纹样代表着官职的高低。与补子相配的是乌纱帽,乌纱帽是由唐代幞子演变而来的一种圆顶官帽,分上下两层,制作时用铁丝编织成框,然后在外表蒙以黑色漆纱,制成后在帽后左右插以双翅。明代还是一个时尚巾帽的时代,不同阶层的男士都非常喜爱,款式数十种,最为流行的是网巾、四方平定巾和六合一通帽。明朝女性最为著名的服饰就是凤冠霞帔,它是明代命妇和后妃的一种礼服。凤冠是一种用金属丝网为胎,上装饰凤凰,并挂有珠花、串珠、流苏的礼冠。霞帔在南北朝时期就已经出现,因图案美如彩霞,故名霞帔。霞帔以长形的布帛制成,上面绣有云彩、动物、花卉纹样,用时从领后绕至胸前系于颈项,下垂一颗金玉珠子。

图40　凤冠霞帔

　　清朝的官服沿用了明朝的补子,首服分为凉帽和暖帽,帽顶最高之处镶　　**059**

珠子,帽后缀天鹅羽毛。这些饰物是区分文武官员、职位高低的标志。配合服饰悬挂于项前的还有朝珠。朝珠是清代帝王百官、后妃命妇穿着朝服或吉服所佩戴的饰品。它是由佛珠演变而来的,由珊瑚、水晶、蜜蜡、玛瑙、翡翠、绿松石等材质制成。清朝妇女的首服、发式可分为满汉两式。在清代初期,基本上保持各自的特点,后互相影响。头发多以铁丝做支架,用假发和真发盘结在支架上,形成高耸的发髻,再插入鲜花、珠花作为装饰。最为著名的发式是"叉子头"和"两把头"等,未婚女子则梳辫子。在清代无论男女都崇尚挂佩饰,最常挂的有长命锁、多宝串、眼镜套、表帕、荷包、扇套等。

辛亥革命结束了中国最后一个封建王朝的统治,随着中华民国的成立、西方文化的渗透,服装和服装佩饰有了很大的变化。男子首服为礼帽,礼帽的样式为圆顶,有宽阔的帽檐。男子以头戴礼帽、身穿中服或西服、脚穿皮鞋为时尚。民国时期女性的发式与服饰有很大变化,搭配服饰需要,佩饰也有了很大变化。妇女颈项间带项坠,耳际悬挂耳环,腕戴手镯或手表,胸前佩戴别针,手上戴戒指,外出时拎一个小巧别致的小包,显得时尚而娇媚。

三、几种配饰的前世今生

1.包袋

包袋的产生是因实用的需要,也就是主要解决人们收集、携带、保存物品的需要。随着社会的发展,包袋被赋予更多的审美功能。现代社会中,随着新型材料的发掘和应用、加工技术的不断改进、缝制工艺的不断提高和完善,人们对包袋产生了进一步的审美需求,使包袋在实用的基础上变得更美观、更引人注目。

图41　佩囊

在中国服装史上,对包袋有几种不同的称谓:包、背袋、佩囊、包裹、兜、褡裢、荷包等。一般因佩戴方式、盛放物品不同而有不同的称谓。佩囊是中国包袋史上最早的一种形式。佩囊也称"荷囊",它是随身佩用、用来盛放零星细物的小型口袋。古人衣服上没有口袋,一些必须随身携带之物,如印章、凭证、钥匙、手巾等盛放在这种囊内,外出时则佩戴于腰间。《诗·大雅·公刘》:"乃裹糇粮,于橐于囊。"《毛传》:"小曰橐,大曰囊。"也就是说,小的佩囊称橐,大的谓之曰囊。

从文献记载来看,早在商周之时,民间已有佩囊之习。春秋战国时期以皮革制成的佩囊,被称为"肇囊"。商

服饰文化与城市形象：服饰

周以后,用布帛材料制成的佩囊,男女均可使用。汉代称佩囊为"縢囊"。用于盛放印绶的称为"绶囊"或"傍囊";用于盛放笏板的称为"笏囊"或"笏袋";用于盛放香料的称为"薰囊";用于盛放文具的称为"书囊"或"书袋"。唐代称佩囊为"鱼袋",用于盛放鱼符。宋代废除鱼符,但仍使用鱼袋。因袋中没有鱼符,故将鱼形饰在袋外,通常系挂在身后。元代以后,佩囊又被称为"荷包",用于盛放文具的称为"算袋",用于盛放钱币的称为"褡裢"。清代盛放什物的专用佩囊比较流行,多为男性使用,有盛放眼镜的眼镜套、盛放挂表的表帕、盛放折扇的扇套(或称扇囊)等。清代荷包比较重视装饰价值,大多以丝织物制成,上施彩绣。

包袋的产生以实用为主要目的,主要解决人们收集、携带、保存物品的需要。在长期的发展演变中,包袋被赋予了审美功能,成为文化地位和身份的象征。现代社会中除一些特殊用途的包强调它的实用性外,人们对包袋的审美需求有时候甚至超过了对它的实用需求。

图42 荷包

现在包袋是女性配饰中最为实用的配饰,也是个性和审美情趣最富有张力的表现语言。手袋可以作为服饰的一种强有力的补充,服饰中的一些缺陷和不足,可在手袋中得以弥补。比如:不够奢华的服饰可以搭配高档的手袋;不够有个性的装束可以搭配别出心裁的手袋。手袋也可作为形体的一种协调和补充,比如过胖的体形限制了服饰的选择余地,可以选择高品质或流行时尚感强的手袋,起到很好的弥补作用。

包袋的美可以用多方面表现,表现的点有外形、质地、包带、佩件、挂件、图案等。不同质地的手袋,有不同的形象立体感,表面的纹理和光泽还会强化手袋的立体形象感,因此有"远看其形,近看其面"的说法。

随着财富的不断增长,中国女性也紧跟世界潮流,开始追逐名牌包袋。对很多女性来讲,一个漂亮的、独一无二而又价格不菲的名牌包袋常是全身打扮的焦点,起画龙点睛之效,它是女人个性与品位的体现,因此喜欢买名牌手袋是很多女士的"死穴",有时甚至到了欲罢不能的地步。名牌包袋,已被喻为"21世纪女人的鸦片"。《福布斯》搜罗全球十大豪华包袋并公布排行,这些动辄数万元,甚至二十多万元人民币的手袋,挽在手上绝对是身份的象征。

事实上，有人认为包袋是泄露女人底牌的一件利器，手袋的重要性绝不亚于服装的牌号，它往往提示着当事人的身份、喜好、性格，手袋恰似一张打出去的名片。

2011年一位叫郭美美的女孩在网络上爆红，因在网上炫富，并牵扯上"中国红十字会"而引起广泛关注及争议。想必大家印象最深的就是她每张照片里必定出镜的某名牌包包。一时，名牌包袋在中国内地的消费引起世人关注，名牌包袋在人们心目中的地位也开始起伏不定，有人坚持它的高品质带来的身份认定，有人痛斥它给"物质女孩"带来的盲目崇拜与迷失。2013年热播的电影《北京遇上西雅图》中，汤唯饰演的文佳佳，从出场时的张扬到之后的落难，各种名牌包成为贯穿始终的符号，极度表现了"物质女孩"惊人的拜金程度。

图43　现代手袋

2.戒指

有资料表明，中国在距今四千多年前就已有人佩戴戒指。到秦汉时期，妇女佩戴戒指已很普遍。东汉时期，民间已将戒指作为定情之物，青年男女往往以赠送指环表达爱慕之情。到了唐代，戒指作为定情信物就更加盛行，并一直延续至今。

唐代有一本笔记小说《云溪友议》，记载了这样一个故事：书生韦皋在游江夏之时，遇到了美丽的少女玉箫，两人很快相爱了。后来，韦皋因为思家心切，想要返还故乡，但对玉箫又很舍不得。于是，在临行前，他送了一枚玉指环给玉箫，并许下承诺，他少则五年，多则七年就一定回来娶玉箫为妻。

玉箫怀揣韦皋的戒指，就这样苦等了七年。然而，韦皋却始终没有出现。玉箫简直是悲痛欲绝，她心想韦皋离开了我，一走就是七年，而一去不回，看来韦郎是不会回来见自己了。于是，她便绝食而死。玉箫死后，人们知道了她的事情，都非常同情她。于是，大家便将玉箫埋了，韦皋送给她的那枚戒指一直戴在玉箫的中指上，因此也随她一同入葬。

这只是一则关于戒指的笔记趣闻。其实，戒指成为定情物已是它的衍生之意了。

戒指起源于古时的中国宫廷。女性戴戒指用以记事，戒指是"禁戒""戒止"的标志。当时皇帝三宫六院、七十二嫔妃,在后宫被皇上看上者,宦官就记下她陪伴君王的日期,并在她右手上戴一枚银戒指作为记号。当后妃妊娠,告知宦官,就给她戴一枚金戒指在左手上,以示戒身。

在据传为赵国人毛亨、毛苌所著的《毛传》中就提到过戒指,书上说,古时候后宫妃子们戴戒指有左右手之分:当一个妃子已经怀有身孕或是来了月经,她便需要在左手戴上金戒指,警示君王不要亲近她;平时,妃子们则在右手上戴上银戒指。因此,在古时候,妇女戴戒指并不是为了炫耀,而是为了禁戒男人和她亲近。

传说,有个皇帝选了一个平民女子为妃,这个女子进宫当天,他就下旨要她晚上陪侍。这个女子根本就不想成为皇帝的妃子,而且她当天刚好来了月经,但是又不好意思开口,因此只能暗自流泪着急。一个宫女得知了以后,给她想了一个办法,在她的左手手指上套上了一只白玉环,然后在她的耳旁耳语了一番。

晚上,皇帝来到这女子的住处时,看到女子手指上套着一只白玉环,非常好奇,就问她戴着这个做什么。女子便回答皇帝说:"这是戒旨,因为我今日见红,因此用它为标记,请您'戒旨'。"皇帝听到"戒旨"的故事之后只好快快地走了。

戒指传到民间以后,除了作为女人装扮自己的物件外,慢慢成了一种定情信物,男女定情、定亲、成婚时都是以戒指为媒介的。戒指作为定情信物,刚开始的时候可以男女双方互赠,但是到了晚唐时候,这种互赠渐渐转变成只由男子赠给女子。中国古人非常看重信物,送出信物和接受信物均表示许对方一生,倘若双方皆能信守承诺,那么便能够成就一段完美的爱情,否则只能凄凉收场。后来戒指变成婚姻的信物。

戒指是现代人最普遍的装饰品,对现代人已经不是稀奇的物品。戒指除了具有装饰作用外,还具有象征意义。比如,有人结婚时制作结婚戒指,毕业时制作毕业戒指,还有纹饰或刻上姓名的印章戒指等。

在三千多年前的埃及,当地统治者有将代表权贵的印章随时带在身上的习惯,但又嫌拿在手上累赘,于是有人想到镶一个圆环,把它戴在手指头上——这就是最早的戒指。天长日久,人们发现男人手指头上的小印章挺漂亮,于是不断改良,并演变成了女士的饰品。

在古希腊传说中,情侣都将戒指套在对方的中指上,因为他们相信那里有一根血管直通心脏。所以,戒指的意思就是用心承诺,记得珍惜你爱的人,把每一个平淡的今天当成彼此相依的最后一刻,好好握紧爱人的手。

以此看来,古今中外戒指都具有强烈的象征意义,因此它的戴法很有讲究。按照中国的习惯,订婚戒指一般戴在左手的中指,结婚戒指戴在左手的无名指;若是未婚姑娘,应戴在右手的中指或无名指,否则,就会令许多追求者望而却步了。按西方的传统习惯来说,左手上显示的是上帝赐给你的运气,它是与心相关联的,因此,将戒指戴在左手上是有意义的。另外,戴在哪个指头上也有一种约定的习俗:食指表示想结婚,即表示求婚;中指表示恋爱中;无名指表示已订婚或已结婚;小指表示独身。大拇指一般是不戴戒指的。戒指一般应戴在左手上,这也是世界各国所接受的习俗。

图44　结婚戒指

　　这些年来人们不知为什么忽然变得很信奉戒指。无论男人还是女人,无论是上了点岁数的老太太或是校园里懵懂的小女生,大家都无比郑重地把一个环戴在手指上,指上的戒指也似乎比别的任何服饰更多了几分意义。

　　的确,戒指的意义在服饰当中是莫可言说的,因为它早已深入人心。那小小的一个圈,戴上它,仿佛就被圈住了一生。尤其是镶有钻石的戒指,成为当今国人婚礼上的一项重头戏,新郎将钻石戒指套进新娘无名指上时,那就是在众人面前做出了承诺。戒指,在人们的心中,是一种庄严的承诺,关乎一生的承诺。

　　在象征爱情的戒指中,钻石戒指堪称最佳,因为钻石是宝石中最坚硬的一种,古罗马人一直认为它代表生命和永恒,更被认定为具有坚贞不渝的象征意义。钻石最早产于古印度,是在印度的一条叫克里希纳的河谷内发现的。那时,古印度生长着一种奇特的树,这种树每粒树籽的重量基本相同,正好是0.2克。由于钻石稀世罕见、重量有限,聪明的印度人便用这种树的树籽"克拉"作为钻石的重量单位。在13世纪的欧洲,钻石是皇室贵族的专用品,佩戴钻石是皇后、公主们的特权。法国国王查理十七世的情妇爱丽丝·苏慧是第一位打破这种传统的女子,她从国王那里获赠一颗钻石,并在公共场合佩戴。钻石从此进入民间。

15世纪是钻石与爱情结缘的里程碑。巴根地公爵查尔斯爱钻如命,喜好收集钻石,他女儿玛丽与奥地利大公订婚时获赠一枚钻戒,成为历史上第一枚订婚钻戒。

我们似乎都已经熟悉了西方的结婚场景:恋人们在上帝面前立定,各自给爱人套上一枚小小的指环,连同那句重磅千金的"我愿意"。从此后,这两枚金属环便开始了那风雨同舟、生死与共的故事和传说。关于这些印象,无疑是从国外的电影或小说中来的。也不知从什么时候开始,国人将之"拿来"并加以改造,使戒指演化为爱情的符号,成为婚礼上的既定项目。

在钻戒广告里,我们总能看到这样的画面:披着洁白婚纱的新娘,洋溢着光彩动人的笑容,甜甜地看着心爱的人给她的手指戴上一枚闪亮的戒指。同时还有煽情的美丽辞藻,恰到好处的抒情音乐……这一切都在诠释着幸福、诺言和真爱。

在娱乐明星的八卦新闻里,当明星们微笑不语于媒体追问的情感话题时,明星手指上的钻戒常常成为媒体下一个追逐的目标,意味深长的报道被大众心领神会地解读,一切尽在不言中。

有媒体把钻石戒指称为"爱情永恒的'致幻剂'"。[1]文章说,1938年,戴比尔斯创始人之一的儿子哈里·奥本海默访问了纽约艾尔广告公司。后者提出了强化钻石和爱情之间关联性的想法,让女人认为钻石是浪漫求爱的必要部分,让男人相信更大更好的钻石可以表达更强烈的爱意。于是,"钻石恒久远(A Diamond is Forever)"这条著名的广告语就被提出了。

美国钻石的销量在3年内就上升了55%,重要的是它成功走进了中产阶级,乃至更低一点的层级,开始为寻常百姓所拥有。这正好印证了波德里亚在《消费社会》中的理论,"人们从来不消费物品本身,即它的使用价值。人们总是把物品当作能够突出自我的符号"。

戴比尔斯1993年进入中国。"A Diamond is Forever"最终被巧妙地翻译为"钻石恒久远,一颗永流传",从此改变了中国人婚庆以佩戴黄金、翡翠为主的传统局面。北上广等一线城市的一个调查表明,中国的新郎愿意付出三个月的月薪为新娘买下一枚婚戒。人们相信钻石,它和黄金不一样,它是

---

① 洪鹄:《爱情永恒的"致幻剂"》,南都周刊2012年第41期。

情感的连接物,是承诺,是盟誓,是非卖品。中国复制着欧美和日本的模板,钻石的推广从目标明确、功用单一的婚戒逐渐走向了"一种生活方式的象征"。

无论多么普通的戒指,只要被赋予了爱情的故事,我们就将它理解为生命里一次刻骨铭心的邂逅。于是,无论多么普通的一枚戒指,只要加载了爱情的情节,无论是苦是甜,在时间的抚摸和往事的浸泡下,它都会变得贵重,都会闪耀到生命的最后一刻。

3.高跟鞋

高跟鞋,顾名思义,是鞋跟特别高的鞋,会使穿此鞋的女人依着垫高的鞋跟,踮起脚尖,随着鞋跟撞击地面发出的清亮响声,有节奏地行走。高跟鞋使女人步幅减小,因为重心后移,腿部就相应挺直,并造成臀部收缩、胸部前挺,使女人的站姿、走姿都富有风韵,袅娜与韵致应运而生。因此,穿着高跟鞋的女人给人的感觉是增加自信心、增添性感度、增进诱惑力。

但是要回溯高跟鞋的起源,却发现高跟鞋原来是女人的"枷锁"。据说15世纪的一个威尼斯商人娶了一位美丽迷人的女子为妻,商人经常要出门做生意,又担心妻子会外出风流,十分苦恼。一个雨天,他走在街道上,鞋后跟沾了许多泥,因而步履艰难。商人由此受到启发,立刻请人制作了一双后跟很高的鞋子。因为威尼斯是座水城,船是主要的交通工具,商人认为妻子穿上高跟鞋无法在跳板上行走,这样就可以把她困在家里。岂料,他的妻子穿上这双鞋子,感到十分新奇,就由佣人陪伴,上船下船,到处游玩。高跟鞋使她更加婀娜多姿,遇见之人都觉得穿上高跟鞋走路姿态太美了,讲求时髦的女士争相效仿,高跟鞋便很快盛行起来了。

当然,这是高跟鞋起源的一种说法。另一种说法是法国国王路易十四特制了高跟鞋,以抬高王者的高度,因为他身材矮小,高跟鞋弥补了他生理上的不足。

其实,还有一种说法是高跟鞋溯源于中国明朝。明朝时兴的女鞋,于鞋底后部装有4厘米至5厘米高的长圆底跟,以丝绸裱裹。北京定陵曾出土尖翘凤头

图45　路易十四画像

高底鞋,鞋长12厘米,高底长7厘米,宽5厘米,高4.5厘米。这证明了中国高跟鞋源起早于西方100年之久。也有人认为清代满族旗人所穿花盆底才是高跟鞋的正源出处,但其实花盆底鞋高出的部分是中间,而不是鞋跟,不能算严格意义上的高跟鞋。

也有人说,早在公元前的埃及"高跟鞋"就已经存在了。但在那时候,高跟鞋是专门给屠夫穿的,目的是使他们可以站得高一些,避免脚上沾到屠宰时遗留下的脏东西。古代的蒙古人在骑马时,会穿带有明显跟部的鞋子以避免双脚被颠簸的马匹甩出马镫。但是这些其实更应该被称为"雏形"的鞋履设计,与现代意义上的高跟鞋有着本质区别:它们并非大众日常必需品,只能在特定情况下,为了特定目的穿着。

图46　北京定陵出土的尖翘凤头高跟鞋

不管怎样,到如今,高跟鞋的花样不断翻新,鞋跟的变化更是非常多,如细跟、粗跟、楔形跟、钉形跟、槌形跟、刀形跟等。在意大利文里,高跟鞋被称作Stiletto,意思是一种刀刃很窄的匕首,对女人来说,高跟鞋的确就是一把尖锐、性感、致命的匕首,让女人征服男人、征服世界。拥有四百多年历史的高跟鞋,在漫长的进化中无限趋进完美。时至今日,在材质、工艺、设计理念的不断推衍发展中,高跟鞋与女人的关系已愈演愈烈。玛丽莲·梦露因穿上金属细跟高跟鞋令她一举成名,难怪她曾说:"虽然我不知道谁最先发明了高跟鞋,但所有女人都应该感谢他,高跟鞋对我的事业有极大的帮助。"

到了现代,高跟鞋更是女人性感的代言词。鞋跟越来越细,越来越高,一旦穿上高跟鞋,胸型自然挺立,臀部弧度会更加紧翘,视觉上强化了女性特质,显示出前凸后翘的曲线,自然有女人味。

高跟鞋与性感的联系颇为久远。在一本回顾世纪时尚的图书《百年靴鞋》中提到:"在十九世纪,新奥尔良的一个高等妓院雇了一个穿着高跟鞋的法国姑娘。这高跟受到客人的异常喜欢。这家妓院的老鸨凯西开始直接从

巴黎进口'法国跟'给其他姑娘穿。'我们发现这些姑娘们穿着这些高跟鞋装模作样地走来走去时,我们可以多收一倍的钱。'凯西在她的日记中写道:'它使女人的屁股看起来充满了性感。男人们一看到她们就着了迷。他们喝得更多,付得更多,待得更长,来得更勤。'"①后来,这种时髦传到普通的城市妇女中,继而影响到整个欧洲和美国。

高跟鞋在中国流行起来的大致顺序也是如此。高跟鞋在中国"先是夷场中外国婆娘穿,再就是夷场中烟花女子效仿着穿,再后来就是所有的烟花女子效仿着穿,再后来摩登女郎小心翼翼地穿起,再以后就是良家妇女、小家碧玉一起赛着穿了"。

女人,无论贫富,无论贵贱,内心中都或多或少地存在着对于性感的渴望。在各类的时尚杂志中,高跟鞋出现的频率与表现的性感指数绝对成正比。时尚评论家们不厌其烦地告诉我们:高跟鞋有把一个平常女人转变为一个典雅女神的威力。

高跟鞋怎会有如此"化腐朽为神奇"的魔力? 从整体上讲,高跟鞋托直了脚踝,延长了双腿,脚心就像芭蕾舞演员一样被拉长成弧线。整个下肢被拉紧后,人体前胸自然就挺出,腿的高度也明显增加,后背内弯,臀部外翘。这时女性的身材被特意却不经意地塑造后,变高了,变瘦了,身姿好看了,因此高跟鞋能让女人们更加性感。

很多现代女性在穿着高跟鞋时也在抱怨高跟鞋、反对高跟鞋,她们的主要理由就是:高跟鞋是一种虐足的表现,穿上高跟鞋会令脚十分不舒适,甚至会很痛,而且容易摔跤。但是作为现代女性,尤其是在职场打拼的职业女性,又无法割舍这一让女人"痛并快乐着"的武器。穿上高跟鞋带来的权力感,可能是现代女性在职场上的心理需求。

首先,穿上高跟鞋可以使人的视角大大提高,在职场上的这种"平视"感在一定程度上给了女人自信自尊的起点。其次,穿上高跟鞋行走在路上,鞋跟与地面碰撞时发出的"嗒——嗒——嗒"声,唤醒了女人的自我意识,随着昂首挺胸的身体姿态,内心的自信感也油然而生,连同着由此而生发的高贵与致命的性感,女人所展现出来的就是完完全全胜利的姿态。

这里,高跟鞋已经不只是高跟鞋了,它变成了一个完美的符号。它漂亮的外表、热闹的声效,穿上它时微妙的痛感,走起路来骄傲的身姿,这些都是女人生活经验里的一个细节,更是女人的一种胜利的姿态。有人有这样的

①〔英〕安吉拉·柏蒂森,奈杰尔·考桑:《百年靴鞋》,中国纺织出版社,2000年版,第53页。

比喻："任何女人,无论贫富,都拥有至少一双的高跟鞋。这是女人的战靴,穿上它们时的姿态昂首挺胸,仿佛一个无所畏惧的战士。"

有一部西班牙电影,名字就叫《高跟鞋》(Tacones lejanos)。在影片的开头字幕部分,不遗余力地渲染着一对走动着的红色高跟鞋。这部电影讲述的是两个女人的故事,它细腻地刻画了一对母女之间的感情历程。在影片中我们注意到母亲和女儿的高跟鞋:母亲一直穿红色的,女儿则是不起眼的黑色,两双高跟鞋暗示了两个人的身份和命运。影片用女人化十足的高跟鞋隐喻女人之间微妙的情感,表达女人们变幻的情绪。

有一部中国小说也名为《高跟鞋》。这部小说同样讲的是女人的

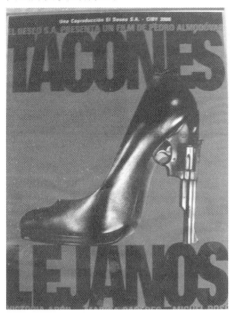

图47　西班牙电影《高跟鞋》的海报

一段经历,它主要表达的是商业社会对人性的扭曲。媒体评论说这是一个女性成长的故事,其女性的视觉很强烈。问及小说的名字,作者朱文颖以为:高跟鞋是一种象征,它是一种物质,一种扭曲的物质。题目有一种张力,是一种非常客观的存在,因为这是女性的东西。而高跟鞋给人的感觉是:特别冷静,内敛,不疯狂,不张扬。

高跟鞋不仅仅是一种外在的服饰选择,高跟鞋有着它自己的语言,高跟鞋本身是一种文化。高跟鞋作为女人的外在穿着选择,体现出她们的内涵、她们的品味、她们的追求、她们对生活的理解。

高跟鞋带给女人的是物理方式的增高,但却有化学反应一样的影响——高贵、性感、骄傲、自信,这些都是高跟鞋所赋予女人的特质。于是,女人们"昂首挺胸"地穿着高跟鞋,以一种胜利的姿态恣意地行走着。

4.香水

现代人都会利用香水来修饰美化自身。在服饰语言中,香水是特别的,因为它的出彩并不在于它的视觉感染力,而是在于奇特的嗅觉效应。在视觉占先的服饰文化中,香水仅靠一丝气息便沁人心脾,香水比其他服饰符号更显得与众不同。

现代的香水是一种饰物，它是传统的香囊的延伸。中国早在一千多年前的汉朝就有关于香料进口和使用的记载，以天然合成的香精用于除秽香体的官方记录不胜枚举。

中国使用香料美容的过程大概分为三个阶段：第一阶段萌芽时期，自夏代至西晋的2300年间，与美容相关的药物和香料受到宫廷的重视，特别自西汉以来，张骞出使西域，东汉马援南征交趾，促进了中外药材和香料的交流，美容化妆的要求开始在生活水平较高的宫廷贵族和诸侯内部萌生。当时，在衣服里佩戴香囊是很普遍的事情。不论男女老幼，都会在身上带一两个。香囊是用丝绸缝制的，像一个小口袋，在里面装上香草或者香料。

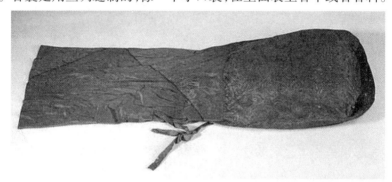

图48　马王堆一号汉墓中发掘出的香囊

在长沙马王堆一号汉墓出土的纺织品中，就有四件香囊。它们用极其精细的"信期绣"织锦和素绢制成，上半部缝成长方形，有开口，下半部是圆形的囊体，中间缝上一条绢带，用来系在身上。香囊中装了一些植物，经鉴定，是香茅草、花椒、辛夷等香草料。

据《太平御览》卷983引蔡质《汉官仪》记载：在汉代宫廷中，尚书郎侍奉天子必须"怀香袖兰"。当时美容香身药物如蕙（零陵香）、杜衡、杜若、白芷、江离、糜芜、菖蒲、泽兰等，使用已很普遍。到了东汉时代，苏合香由大秦国（波斯）进口，成为做香料不可缺少之品。

第二阶段形成时期，自东晋至唐末580年间，"江东诸帝多傅脂粉"，用于美容的香料得到全面发展，渐次普及，宫廷贵族和臣民得以享用。宋明帝尝撰《香方》一卷留给后世。唐代宫廷非常重视用粉敷面，以黛画眉，每逢腊日，帝后常以"口脂面药随恩泽"赐给臣子，臣下则每每"晓随天仗入，暮惹御香归"。不仅宫中佳人"雪肤花貌参差是""罗衣欲换更添香"，即便农家妇女，也多"邀人施脂粉"，认为"铅华不可弃"。

第三阶段发展时期，自五代至清末约1000年间，宫廷美容方剂大量增加。元初礼部尚书、光禄大夫、提点太医院事许国祯编纂《御药院方》，搜集金元及其以前的宫廷用方，载美容化妆方剂较丰富。明代有太医院吏目、医林状元龚廷贤等编纂的书籍，均载有大量美容方剂。据清宫档案记载，乾隆帝非常讲究美容香身，曾以交安春香为原料嘱咐太医研制合成香衣法。

图49　明人陈洪绶《斜倚熏笼图》，反映了古代上层社会衣褥熏香的习俗

而国际上公认的香水生产的策源地是法国，它调配香水的历史悠久，以用料考究、品质优良而驰名世界。法国的香水生产起源于地中海边的一座小山城——格拉斯（Grasse），直到今天，它依然是法国天然香料和香精的生产中心。这座小山城不仅在法国，而且在全世界的天然香料、香精和香水生产中占领先地位已有四百年之久，所以享有"香料之城"的盛誉。

香水是一种混合了香精油、固定剂与酒精的液体，能散发浓郁、持久、悦人的香气，用来让人体部位拥有持久且悦人的气味，可增加使用者的美感和吸引力。从广义上来讲，香水是一类含有芳香物质的水质化妆品，包括各种香型香水、古龙水、花露水和化妆水；但从狭义的范围来看，香水应该是一种美化仪容、产生香气的美容化妆品，它只包含各种香型香水和古龙水。

香水的问世至少有六千年的历史了，不管在什么情况下，香水都是和时髦、夸耀和奢华联系在一起的。香水是我们"身体需要"的表现，它是人们爱美、求美之心的需要，也是潮流的需要。女性是浪漫的典范，她们从有限的选择中选取富有女性韵味的花香香气来展示自己的魅力。随着时代的演

进，妇女走向社会拓宽了眼界，随着妇女社会活动领域的扩大，妇女开始在不同的场合使用不同的香水。

20世纪初的欧洲弥漫着一片自由和独立的风气。第一次世界大战后，人们从维多利亚时代解放出来，香水正好反映了当时崭新的自由风气，于是香水的香味少了几分浓郁甜美，混合了干苔温馨古雅的香气。20年代，妇女的服饰、香水、形象都发生了从古典走向现代的变化。40年代的第二次世界大战明显地影响了香水生产，法属印度和东印度群岛及香料供应国因为战争而中断生产，因而刺激起商人自制香料。战争把妇女也同样地拖入噩梦，美国妇女争购香水送给赴前线的亲人，期盼前方来信中的香味儿，带给对方存在的感觉。战后，香水业迅速发展，新鲜的花香给饱受战争之苦的人们以深情的慰藉。50年代的文化氛围，带来了戏剧性的影响，飘逸着花果清香、洋溢着青春气息的香水，让人感到轻松、随意，从此打破了只有在隆重场合才使用香水的惯例。60年代的年轻人视香水为时装，青年反叛思潮兴起，摒弃传统称为时尚。香水也开始追求前卫风格，出现了异彩纷呈的流派。70年代，女权运动高涨，女士们开始脱下裙装，换上长裤，涂起男士用淡香水。80年代传统回归、情思怀旧，也是香水创新的年代。雅皮士的智慧、富有和才华，使香水成为炫耀身份的象征。人们推崇香水味儿先人而至的豪华气派。女用的香水香气袭人，男用香水也不再局限于清爽的淡香水。80年代香水的设计似乎在探索人生哲理，美国服装名师卡尔文·克莱恩（Calvin Klein）推出香水三部曲：迷惑（Obsession）、永恒（Eternity）及逃逸（Escape），就像是在用芬芳陈述他对人生的看法，从沉迷走向大彻大悟。90年代的香水潮流，女性已对刺鼻的香味厌腻了，她们认为自己勿须用浓浓的香气吸引别人对她的注意，女性喜爱香水给予她们的舒适感和诱惑力，甚至使其诱发她对某种感觉的联想。女性喜欢嗅到男性香水所散发出来的迷惑异香，而男性反过来亦然，男女共用香水便是90年代的时尚香水概念。

1992年一部美国电影《Scent of a Woman》公映，这部影片在中国内地放映时片名被创造性地翻译作《闻香识女人》，片中失明的史法兰中校的听觉和嗅觉异常敏感，能靠闻对方的香水味道识别其身高、发色乃至眼睛的颜色，这一独特的"魔法"般的表现让观众为之一震，同时普罗大众也意识到了香水之于女人的独特作用与魅力。闻香识女人，一个女人身上所散发的气息一旦被固定下来，便成为她独有的"牌子"。当你感觉到身边突然多出了一股芳香时，就是闭着眼睛，也知道是谁置身在你的身旁了。

自从这部影片上映后，"闻香识女人"便成了一种捕捉女人的方式，这句话本身也变成了一种时尚。我们可以在时尚节目和报刊中看到这样的场景频频出现：一个女人从你的身旁走过，发自她身上特有的幽香，已在不经意当中标示了她的身份和品味。

闻香识女人，确实把香水与女人之间的微妙关系描述得淋漓尽致。女人的美丽及优雅，借着曼妙的香气暗暗传送，展现出独特的个性魅力。香水是表现自我品味最好的选择，若是穿着与化妆得宜，又能巧妙地掌握香水的搭配，这样不只是个性的表现，而是品味的流露。聪明的女性，在每一种场合里，都能恰如其分地利用香味凸显自我风格，让自己精心挑选的香气，自然展现卓越的品味，流露着无限优雅的气质。而且，香味与其他的感觉比较，最能唤醒我们深刻的记忆。在与他人交往时，香味能帮助你呈现气质，塑造形象，增强信心，流露魅力。

图50　电影《闻香识女人》海报

在五彩缤纷而迅速变换的文化时尚中，越来越多的女性开始懂得利用各式无形的香氛与有形的时装，珠联璧合，完整地呈现自身独特的时尚轮廓，展现个性的魅力。香水将文化时尚的风华汇集在一个小瓶之中，喷洒香水不仅可以突出个人风格的芳香修饰，更带领内心深处奔向永恒的想象国度，这也是香水永恒的文化魅力所在。

香水的独特嗅觉感受是人的所有感觉中最神秘的一种，因为它是无形而强烈的，因为它的表达完全建立在人的心性体会上。所以说关于香水的文化建构就完全在于不同的感受主体个人的解释。

提起"香水"，你想到了什么？性感、浪漫、美丽、高贵……这些最为妩媚的词汇是女人的最爱，而它们，都可以用香水来准确地诠释。香水，涵盖了女人的气息。女人的天性里已经潜藏了多变的特质，它蓬勃欲发，只等待着一个引子——香水。香水有一种力量，能勾引出女人个性里的潜藏光芒。

文学作品里关于女人的描述常常是笼罩着香氛的：女人住的房间是桂殿兰宫、馥郁芬芳；女人的过处是"步步生莲""有暗香盈袖"；女人对镜理妆是"云欲度，香腮似雪"；而女孩死了是"花凋"，是"魂销香断"。我国著名的唐代大诗人李白有诗云："美人在时花满堂，美人去后空余床。床中绣被卷

073

不寝,至今三载犹闻香。"①这首诗就把香与美人连在了一起。《红楼梦》里宝钗有"冷香丸",黛玉会"意绵绵静日玉生香",就连大师金庸笔下那个一脸嬉皮无赖的韦小宝,凑近他的女孩时,也说"香一香"。

　　长期以来香氛一直以它独特的魅力吸引着众多的迷恋者,到了今天香氛已逐渐形成一种文化。使用香氛的习惯已成为人们表现自己个性的手段之一。现今社会,生活节奏快,工作、家庭和社会所赋予的种种责任令人们感到压力愈来愈大。现代社会调查显示,就每天的压力程度而言,女性比男性更辛劳,尤其在家庭、职业、金钱方面,女性感到的压力远远超过男性。21世纪生活方式呈现多样化的趋势,女性寻求摆脱传统生活方式对女性的束缚,寻求与女性自身、与男性、与自然、与社会文化更加和谐、更加独立的生活方式,传统的男性中心文化受到重新审视和挑战,阶级、种族、性别等将成为文化批判的重要范畴,隐藏在现行文化中的性别盲点将为社会性别分析所取代,性别研究将进入人文社会科学和教育的主流,对性别不平等的文化批判将带动人们对人类知识体系的反思和探求,从而创造出丰富、多元、包容而又充满活力的文化,为实现男女两性自由、平等、民主、和谐的发展创造环境。香水文化的设计理念必将秉承这种文化趋势,成为21世纪香水文化的设计思路。

服饰文化与城市形象：服饰

①《全唐诗(上)》卷165《长相思》。

内衣:从羞涩到坦荡

一、中国内衣服饰的演变

古代女子的内衣最早被称为"亵衣"。"亵"意为"轻浮、不庄重",可见古人对内衣的心态是回避和隐讳的。

其实,战国以前并没有严格意义上的内衣,人们的内衣外衣是混穿的,而且裤子都是无裆裤,只有两只裤管套在腿上,穿着时以带子系在腰间,小腿以上至下腹部则是完全裸露的。在深衣没有出现之前,人们的下体主要以蔽膝围裳来遮挡、保护。

蔽膝应该就是内衣的发端。在上古时期,蔽膝属于服装中的内衣,可以说这是中国古代内衣的最早形制。蔽膝是下体之衣,是遮盖大腿至膝部的服饰,是古代遮羞物的遗制。

蔽膝是中国文化传统中特有的避讳,其所"蔽"者,非"膝",而在小腹之下,两股之间,也就是遮挡生殖器部位。由于上古时期人们的服装无所谓外裤、内衣,往往只有一件,而且都是开裆的,不像现在这样有内裤、衬裤保护下腹部、阴部。从蔽膝的功能上说,是为了保护生殖器,因此内衣的功能更显著。

图51 蔽膝(商周服饰襟前所悬)

《礼记·檀弓下》里写了这么个故事:"季康子之母死,陈亵衣。敬姜曰:'妇人不饰,不敢见舅姑。将有四方之宾来,亵衣何为陈于斯',命彻之。"春秋末期战国初期,有个叫季康子的人,他的母亲过世了。按照当时的礼俗，要进行入殓的准备工作，找出逝者的衣物摆在房子里，以备为逝者擦拭身体后穿用。那时候"亵衣"也是要找出来的，但是不能摆在外面。季康子不知道这个规矩，一股脑把母亲的衣物都拿了出来，摆在了房子里面。季康子的姑奶奶敬姜看到了这个情景，就对他说，女人不打扮的话都不敢出来见自己的公婆，现在是外面的亲戚要来吊唁你的母亲，你怎么可以把"亵衣"也摆在外面啊。季康子听了敬姜的话，便把"亵衣"放在了隐蔽的地方。这个故事中的"亵衣"，就是内衣。

《诗经·国风·葛覃》中有这样一段记述："言告师氏，言告言归。薄污我私，薄浣我衣。害浣害否，归宁父母。"翻译成白话文就是：告诉我家的阿妈，告诉她我要回家。快清理我的内衣，快洗浣我的外装。哪件洗呀哪件藏，我要回家看爹娘。所谓私衣，乃指隐私之衣，因为是人们贴身穿的衣服，平时不能轻易示人。这里所说的私衣就是亵衣。上古民风淳朴，风气开放，对于野合并不斥责，因为与爱人野合，自然要注意内衣的整洁，所以才有清理、浣洗内衣的说法。

到了汉代，内衣有了多种形制，主要有泽、汗衣、汗衫、帕腹、抱腹、心衣、单衣、犊鼻裈等。泽，是古代一种贴身穿用、可以吸汗的内衣。《诗经》中已有"岂曰无衣？与子同泽"。从史籍上看，这种内衣紧贴身体，可以从体内排出汗泽，故以"泽"字命名。汉代干脆将它称为"汗衣"，也有的称"汗衫"。据说汉高祖刘邦是汗衫的发明者。传说楚汉交战时，刘邦从战场上回到营帐，一看自己的内衣已经汗湿，于是戏称为"汗衫"。由此，人们就这么叫起来了。这种叫法一直沿袭到了现在。

汉代内衣有简繁之别。简单的只是横裹在腹部的一块布帕，因此称"帕腹"；稍微复杂一些的，就是在裹腹时缀以带子，用时紧抱其腹部，故名"抱腹"；如果在抱腹上加以"钩肩"及"裆"，则成了"心衣"。帕腹、抱腹、心衣等虽然有简繁之别，但是全部只有前片，没有后片，穿着这种内衣，后背部分是全部裸露的。

在汉代还出现过一种内衣，与帕腹、抱腹、心衣不同的是有前片，也有后片，既可挡胸，也可遮背，即两挡，俗称"两当"，也写成"裲裆"。裲裆本来属于专用内衣，它是后世背心的最早形式。到了魏晋时期，裲裆开始由内向外发展，从时尚的女子贴身而穿，演变到穿在外面。换言之，裲裆从单纯的亵衣，发展成罩在衣裳外面的时尚之衣，其内衣的功能性特点，退位成装饰性特点。尤其以妇女所着为多。追求时尚之美的女性们一反常态，将过去秘不示人的亵衣——裲裆，勇敢地加在了"交领"外面，装饰自己，美化自己，按现代时髦的话讲,就是内衣外穿。当时的裲裆不仅妇女穿着,男子也可穿。南北朝时期,以"裲裆"为名的有两种,一种是背心,特别指妇女的背心,另一种是武士前后两合的短甲。

正面　　　　　　　　　　　背面

图52　汉代抱腹

对于女性来说,汉代已有专门的内衣,称为齐裆。齐裆本是上古腰彩的遗制,汉武帝时以四带束之,名曰袜肚,至汉灵帝赐宫人蹙金丝合胜袜肚,亦曰齐裆。以蹙金彩帛为之,上缀四根系带,两根系结于颈部,两根系于腰上,也就是后世抹胸的前身。

在湖南长沙马王堆出土的许多文物中,有不少纺织品,其中就有素纱单衣、锦袍等。单衣又称禅衣,一种不用衬里的衣服。刘熙《释名·释衣服》曰:"禅衣,言无里也。"无衬里的单衣,自然是贴身而穿。单衣其实就是衫子,衣服宽大穿着轻松,没有袖端穿着方便。通常以轻薄的纱罗为之,制为单层,不用衬里。衫子大约产生于东汉末年,由最初的贴身内衣,逐渐演变为内衣外衣兼顾。

总之,秦汉时期的内衣性

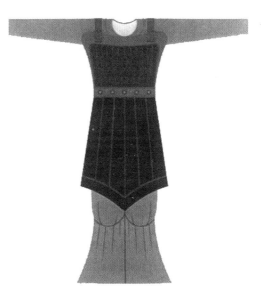

图53 裲裆

别差异并不明显,换言之,男女皆可穿,在形制上无男女款式差别,不像现在内衣倾向于女性。男女内衣自秦汉之后,拉开了性别的差异,也就是说,秦汉时的内衣属于中性,秦汉以后,内衣也有了男女差别,男子穿男式内衣,女子则穿女式内衣,不再男女通用。由此也可以说,在秦汉时期,社会还没意识到内衣的性别、性感信息。穿在外面的服饰包含着显著的等级差别,而居家贴身而穿的内衣还没赋予等级的色彩,依然保留着男女不分的朴实思想。发展到后世,内衣才逐渐有了男女分别。

南北朝时期,妇女内衣中有一个名称叫"袜"。对于现代人来说,袜子是穿在脚上的,最早叫足衣。其实足衣在古代并不是"袜",而是"袜"或"韈",只有穿在女人身上的内衣,才称"袜"。《广韵·末韵》云:"袜,袜肚。"《集韵·末韵》:"袜,所以束衣也,或从糸。"

南北朝服饰开隋唐服饰之风尚,我们从南北朝仕女露领服饰中可以看出这样的发展趋向。无论是交领还是圆领,因为领子开口比较大,颈脖部位裸露面积较多,其低开口领已经袒露了胸乳部。唐人服饰袒胸露乳是时尚,而南北朝的低领装已经具备了唐代袒胸装的要素。

盛唐流行过一种袒领,里面不穿内衣,袒胸于外。所谓不穿内衣,是指在袒领装之内,不再穿裹肚、抹胸之类的贴身内衣。换言之,袒领装犹如后世的内衣外穿。唐人的裙,为束胸、曳地大幅长裙,领口之低、胸部之袒露,实为当今妇女常服所不及。唐诗中有许多诗句描述了女性开放的装束,谢偃《乐府新歌应教》:"细细轻裙全漏影,离离薄扇讵障尘",施肩吾《观美人》"长留白雪占胸前",歌咏的都是这类服饰表现出来的形态。

图54 唐代袒领装

在袒露襦衫出现的同时,还出现了一种名为"诃子"的内衣,系于裙腰之上,掩盖胸部乳房,形似今天的胸罩。据说诃子是杨贵妃所创。《唐宋遗史》称:杨贵妃与安禄山私通,秘嬉时,杨贵妃胸乳被安禄山指尖抓伤,贵妃恐被唐玄宗看到伤痕,发现她与安禄山的私情,遂以诃子遮挡。后宫女子见之皆效仿,遂遍及民间。

杨贵妃的纵情,并非只对安禄山一人。她在宫中举止放荡,常常身披轻薄服饰,与皇帝嬉戏。《情史·情秽类》记载:贵妃常中酒,衣褪微露乳,帝扪之曰:"软温新剥鸡头肉。"禄山在旁对曰:"滑腻初凝塞上酥。"上笑曰:"信是胡人,只识酥。"按照现代的科学观分析,杨贵妃注意了内衣服饰轻、薄、透传递的性感信息,以此打动君王,博得欢心。正是因为杨贵妃发明了诃子,才使后来的中国女性有了保护胸乳的中国式胸罩。

唐代内衣的直露,并不仅仅在宫廷中有,社会生活中,开放的女性也借助内衣来展示曲线的优美、性感的情愫。

对于宋、元、辽时期的内衣,因为受宋明理学思想的影响,呈现收敛性。在形制上没有创造,在风格上比唐代保守。

图 55　唐代诃子

宋代妇女的贴身内衣最主要的是抹胸、裹肚。宋代抹胸上可覆乳,下可遮肚。有人将宋代抹胸(亦作袜胸)与裹肚混为一物,其实两者是两款内衣,而不是一种内衣的两个名称。从形制上讲,大致上裹肚长,抹胸短。贴身抹胸短小、轻薄。"知其为较长而宽带并系之于外者,非内身之小抹胸,以抹胸与裹肚可同为内衣,但有大小之别。"其形制"自后而围向前"。

按《逸雅》,抱腹上下有带,包裹其腹,应即裹肚。由此得知,抹胸着重于胸,遮护胸部,故名抹胸;裹肚着重于肚,包裹肚子(腹部)。前者类似现在的胸罩,后者类同于束腹带。从南宋黄昇墓出土的抹胸实物看,以素绢为之,两层,内衬少量丝绵,上端及腰间各缀绢带两条,以便系带。

明代女子内衣主要有抹胸、主腰、扣子衫、里衣、小衣、罗裙、单群等。主腰的外形与背心相似,开襟,两襟各缀有三条襟带,肩部有裆,裆上有带,腰侧还各有系带将所有襟带系紧后形成明显的收腰。可见明代女子已深谙凸现身材之道。主腰,其"主"是指系扣的意思,通常为宫女所穿的款式,强调刺绣装饰。

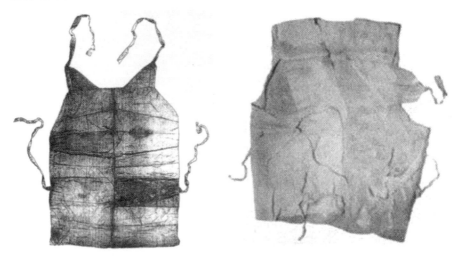

图56 南宋抹胸　　　　　　　　　图57 明代主腰

抹胸是明代女子的主要内衣,围在妇女胸前,它与一般的肚兜不同,似用纽扣扣之或用横带束之,并且也是用夹和棉制者。清代徐珂《清稗类钞》记载:"抹胸,胸前下衣也。一名抹腹,又名抹肚,以方尺之布为之,紧束前胸,以防风之内侵,俗谓之兜肚。"换言之,抹胸是遮盖在女子胸前用于护体、护乳的贴身衣物,其作用类似于今天的胸罩之类的女性上身内衣。形制上前圆后方,前短后长。

在明代著名言情小说《金瓶梅》中,抹胸也是一个性感撩人的物什,似乎可以释放催情、勾魂、迷惑、放纵的情愫,一次次地诱惑,刺激着西门官人的感官神经,把他送上快乐的巅峰,最后也要了他的卿卿性命。

明代内衣之下裳——内裤,最主要的就是小衣。所谓小衣,其实就是贴身穿的裤衩,不过从形制上分析不是通常穿的平角裤头,即民间常说的大裤衩子,既然名为"小",应该是比较紧身的、形制比较小的,才合乎名称,因此推断是三角状的裤衩,类似现在的三角裤头。

清代的内衣主要有抹胸、肚兜、小衣。清代的抹胸,一般为菱形,上有带,使用时套在颈项,系带并不局限于绳带,富贵人家多用金链,中等人家用铜银链,小家碧玉多用红色丝绳,"肚兜的腰部另有两条带子,穿着时束在背后,而下面的一角,通常遮挡肚脐,达于小腹"。

民国初年,妇女内衣流行一种马甲,这种马甲与穿在外面的坎肩不同,一般都比较短小,俗称"小马甲"。在小马甲的前片,缀有一排密纽,使用时将胸乳紧紧扣住。小马甲突出了女性胸部圆润的特征,展示了女性身体的曲线之美,摆出了一种向束胸叫板的姿态,为天乳运动的诞生奠定了基础。与传统的抹胸比较,这时候的抹胸已经略显松弛,小马甲已经是开放的女子内

图58　清代肚兜

衣了。包天笑的《六十年来妆服志》称:"小马甲多半以丝织品为主,小家则用布,对胸有密密的纽扣,把人捆住,因从前的年轻女子,以胸前高耸为羞,故百计掩护之。"原先许多女子都用白布束胸,束胸布,当时被称为"束奶帕"。

民国时期的内衣贯穿着共和思想,纷纭变化的天乳运动,束奶布的扬弃,义乳的诞生,胸罩的引进,一方面是对女性身体的一种解放,另一方面体现了对女性的尊重。内衣发展已有几千年历史,民国以前内衣体现着服饰美学观念,但是并没有体现对女性人格的尊重。民国期间放乳与束乳的交锋,表面上似乎是对女性乳房的解放与束缚的讨论,实则是对女性人性、人格的压迫与尊重的思想交战,是恪守封建社会女性是男性的玩物、是男权的附庸,还是体现共和人人平等的人权思想。

西风东渐,风气开放,思想开明的女子开始琢磨提升女性形象,成为知性、感性、风情的新女性。19世纪20年代末期,胸罩漂洋过海来到中国,当时人们称之为"义乳"。

胸罩是舶来品,它的发明给女性身体带来了解放。在1913年以前,女人最私密的一层衣物叫"Corset"(紧身胸衣)。但随着女性身体、思想上的逐渐解放,这一鲸须一般的桎梏被时代毫不犹豫地淘汰了。据说,世界上第一只胸罩是美国一位名叫玛丽·菲尔普斯·雅各布的女士发明的,当年雅各布

买了一件极轻薄几近透明的紧身女子晚礼服,但是她那硬翘翘的有着绣花网眼的束腹胸衣却破坏了这件漂亮新衣的流畅线条。于是雅各布想了一个办法,她干脆不穿胸衣,用一对丝手帕和几根丝带缝制了一个简单的胸罩。从此胸罩问世,并很快在全世界妇女中广泛流传,成为妇女卫生保健、身体健美的必需品之一。

图59　第一只现代胸罩

在西式胸罩进入中国市场时,为中国女性接受颇费了一番周折。一是本来社会对女性护乳就缺乏意识,传统肚兜、抹胸只是遮挡,无保护的方法;二是即使有胸衣,女性接受的是开放式的肚兜、抹胸,西式的胸罩严密遮护乳房,并不习惯。

这时,电影女明星再次成为时尚体验的先行者,她们身体力行试穿胸罩,正是由于她们的偶像作用,才使中国女性摈弃肚兜而选用胸罩。以出演《神女》《新女性》等影片蜚声影坛的阮玲玉,是民国时期的大腕影星。她精湛的演技、迷茫的美丽让影迷为之疯狂。她身着旗袍,丰姿绰约,风情万种,给后人留下了惊艳的一瞬。阮玲玉便是最早戴"义乳"的中国妇女之一。戴上义乳的阮玲玉旗袍合身,胸乳圆润,与旗袍的曲线结合得近似完美。从此不仅原版的西式胸罩被引进,也产生了改良中式内衣。

二、内衣:女性身体和心理的解放

内衣,顾名思义,是指紧贴皮肤穿着的衣服。似乎在一夜之间,人们对内衣有了越来越多的兴趣和研究冲动——它不再是一个禁忌的话题,而是可以走上时装T台表现的服装。

在中国,关于内衣的话题,长期以来一直是朦朦胧胧、时隐时现、含蓄内敛的。内衣的发展在中国已有几千年了,但是真正形成体系,有明显表现的是在唐代。唐代妇女个性突出,服饰时髦,曾经流行的袒胸装、透明装开一代风气之先河。但之后受宋明理学"存天理,去人欲"思想的影响,不会有人将内衣这样的话题拿出来公开讨论。但是有意思的是,明代的文学作品中,透过一些文字来修饰,内衣、女性的身体又以各种放荡不羁的面目出现。

可以说,百年前的中国女性地位低下,对女性内衣的认识和表述也是对女性身体和心理的束缚带、遮羞布。在传统观念下,女性外衣宽大厚重,身体曲线被完全遮掩,内衣式样更是单一。甚至在实际生活中,女性往往以束胸布来束缚乳房的发育。

1911年的辛亥革命结束了几千年的封建帝制,妇女地位也有所上升,社会风气随之开放。西风东渐的影响下,一些妇女开始模仿西洋女子的衣着打扮,穿起了文明新装,那种束腰凸胸的服装样式追求的是女性的曲线美。中国女性放开束缚胸部的白布,不穿内衣,让乳房自由呼吸。虽然天乳运动并没有持续多长时间,但它对女性身体和心理的解放意义不可小觑。

舶来品胸罩的出现,是女性内衣的一场革命。胸罩不是用来压平胸部的,相反,它是用来突出胸部的。在女性曲线美的展露下,改变了传统女性胸、腰、臀平直的线条形象,高胸、细腰、丰臀成为女性的新追求。

与内衣有关的"三围"概念是在20世纪80年代开始出现的。人们在关注身体健康的同时,也开始审视女性的内衣,以及内衣对女性形体的塑造功能。女性内衣不再只是胸罩单一的形式,从形式到内容有了很大的变化和发展,功能开发日趋完善。同时内衣时尚也超越了以往的概念,内衣讲究薄、透、露,在强调内衣的保健功能外,开始注意内衣的性感诉求。

内衣成为现代女性必不可少的服装,成为女人对自己的一种宠爱。在欣赏、购买、穿着的过程中,女人对自己充满了期待和怜惜。讲究内衣的女人,有一点敏感,有一点自恋,对现实生活的状态有一种既波澜又稳定的期望。内衣因其特有的梦幻感让女人有了些许的安慰和满足,内衣的缤纷色彩和诸多款式又构成都市女人的想象空间:关于身体的想象,关于情感的想象,以及关于想象的想象。精致的蕾丝、恰到好处的弧线、温柔的色彩,借助内衣这块方寸之地,让女人淋漓尽致地表达出内心的全部情愫。内衣就像通往女人身体和内心的花园小径,迂回、曲折、朦胧,欲说还休,也许一个女人说不清道不明内心真正的渴望,但她一定能把握住她所热爱的内衣。变换内衣颜色与造型的过程,可能就是她释放或者表达自己心灵的过程。

在所有的服饰中，内衣与女人是最为贴近的。女人只在卧室和最亲密的男人面前才展示内衣。所以甚至有人说："内衣是女人的第二皮肤。"因此，大众媒体对于内衣的强调，完全在于它与女人身体的亲密接触。媒体时代的女人，她们的需要正是被媒体无限放大的需要，是媒体替她们选择的需要，也是男权社会中女人生存的需要。从这一点来看，女人通过内衣来表现身体，也不过是她们满足生存需要的一种必需的手段。

因此，说到内衣，无论男人还是女人，都很容易将其与"性"相联系。这是一个各种迷惑和诱惑共存的时代，这是一个被媒

图60　女性内衣

体霸权所操纵的时代。在这个时代我们所能感受到的、可以用感性体察的，就是女人的性感。随着这样一个泛化的性感世界的来临，我们早已无可坚持、无可保留、无可争议地去面对所有性感的符号。露胸的裸露、短短的上衣和内裤，已成为一个借以表达女性思想的反叛和对这个世界的见解的信号。而女人对于性感风情的尽情演绎，便成为这个时代的特色。

为了掩盖身体的关键部位或增加身体的庄重，人们设计了内衣。设计的目的是掩盖有性意味的身体部分，但作为一种被设计的服装，设计师们又尽量使它们美丽体面。因此，内衣最终还是作为一种身体的装饰物而存在的。既然有了装饰，原本性感的身体就变得更加性感了。

内衣的面料在媒体的描述中同样具有诱惑力。丝绸的、薄纱的、透明的、极富手感的，光凭想象，这一切足以美得让人眩目，也足以激起男人内心深处的渴望。时尚舆论领袖们还擅长用色彩学来解释内衣的性感魅力，比如在一些时尚杂志中，我们经常能看到这样的表述，让我们相信，女性内衣的颜色和面料本身也能发出性感的信号。白色、黑色、红色是内衣最常见的颜色。白色意味着纯洁，是新娘婚纱常用的颜色。少女们通常都喜欢这样传统的素色，宁静之中似乎多了一份青春。黑色本身就意味着成熟的性感，因为它与身体颜色的强烈对比更加突出了内衣的装饰效果。红色意味着活力与诱惑，这种力量、生命力和热力的体现恰恰与性的体验惊人的一致。

三、内衣外穿的雏形：泳衣

泳衣是人们在水中或沙滩活动时最常穿的一种服饰，后来也发展成为模特及选美时展示形体的专用服装。泳衣有一件式、两截式和三点式（比基尼）等变化。

这种服饰兴起于西方，在中世纪以前，人们游泳或洗浴的方式还很保守，甚至有规定不允许妇女在公开场合游泳或洗澡。

有资料表明，最初男人仍然在游泳时赤裸着身体，可他们在岸上时却要穿着衣服（上衣或背心加上长裤或短裤）。随着社会对"公众场合中的体面行为"的关心达到了白热化的程度，男人赤裸着身体游泳的压力越来越大，于是男人开始穿着衣服游泳了。直到19世纪30年代，男人们普遍穿游泳短裤游泳。

与男子泳装的遭遇相比，女子泳装的不同之处仅在于它还一直以其"性特征"而不断引起社会的关注和争论。从中世纪起，人们就曾用一系列理由阻止妇女游泳甚至洗澡。17世纪，妇女们在洗澡时仍必须穿上宽松的、长及脚踝的厚衬衫，并戴上一顶帽子。到了19世纪，虽然仍有人在游泳时穿着这种衬衣式泳装，但一种新式游泳套装已变得十分流行了。差不多在男人们使用泳装的同时，为妇女设计的正式泳装也问世了。那是一种与日常衣着极相似的综合套装：长到膝盖或脚踝的裤子，一条有领子、短袖、长及膝盖、色彩深暗而且装饰考究的连衣裙，带有饰带、花边或绣花的泳帽和厚厚的长筒袜，以及一双类似芭蕾舞鞋的系带鞋。

进入20世纪后，女式泳装的式样已经产生了革命性的变化。它们的款式虽然仍保持原样，但已开始变得简单，与日常服装有了较大的区别。此时，女式泳装外露的趋势已经日渐明显，尽管裸露部分仍仅限于手臂和肩颈，但裙子已经变得较为短小了。

尽管最初有过种种规定，但泳装最终仍为妇女们所接受。20世纪30年代，新的"紧身"泳装与"时髦"的体形产生了联系。与此同时，为了将泳装和内衣加以区别，设计师们强调了泳装的裁剪方式和诸如皮带及扣子之类的附件。他们借此增强了泳装的严肃性并消除了内衣所带有的个人意味和色情意味。就泳装而言，社会对新式泳装的认可和需求最终消除了官方的道德批评。换句话说，泳装同自上而下产生影响的时装不同，它是一种自下而上的现象——它首先被普通妇女所接受，然后才被公众趣味和社会行为的仲裁者们勉强接受。

图61　20世纪初的泳衣

　　20世纪20年代，在西风东渐的影响下，中国女性也冲破道德层面约束，扔掉束胸衣，带上"义乳"，就连当时的时尚杂志上也刊登了穿泳衣的女性形象。这种曲线的风韵之美，受到新潮人物的极力追捧。尤其在上海，女装追求性感风情，热衷表现身体立体感的设计风格，袒胸露臂成为女性服饰的时尚潮流。

图62　身穿泳装的民国名媛洪筠

　　女子泳装最根本的革新是比基尼泳装的出现。1946年6月30日，太平

洋的比基尼岛（Bikini Atoll）上爆炸了原子弹，18天以后，法国人路易斯·里

尔德(Louis Reard)推出了胸罩样式上衣和三角裤泳装。他将这种款式命名为"比基尼",认为这种款式会像刚在比基尼岛上爆炸的原子弹那样震动泳装设计界。一周后,比基尼就风靡了欧洲。比基尼泳装可以说是服装史上最具有视觉冲击力的服装。背后系带的胸衣和三角裤的装束不亚于原子弹爆炸,在社会各界引起了轩然大波。在早期的轰动平息下来以后,比基尼泳装为泳装设计展现了全新的前景。作为妇女们在海滩上和游泳时穿的泳装,比基尼泳装迅速取代了连体泳装。

图63　玛丽莲·梦露

在路易斯发明比基尼之前,人们在公元前1400多年的希腊壁画上,发现了穿着类似比基尼的人物画像。另外,公元4世纪的意大利西西里地区的卡萨尔罗马别墅壁画上也有类似的服装出现。可见,在古代,比基尼这种泳衣已经出现在了人们的生活中。

图64　希腊壁画里的"比基尼"

四、内衣外穿的中国表达：肚兜装

20世纪60年代以后的海滩已是满目比基尼，是迄今为止穿得最少的服装。虽然泳装只是一种特殊服装，但比基尼毕竟使基督教文化下的道德规范彻底失去约束力。20世纪80年代，一批前卫的时装设计师决定混淆内外衣的界定，这就是"内衣外穿"的潮流。这是一个大胆而充满蛊惑的年代。英国女时装大师韦斯特伍德和法国时装大师让·保罗·戈蒂埃是"内衣外穿"风潮的中坚分子，他们将女性内衣变成极具挑逗性的外衣的一部分。

1990年，美国著名歌手麦当娜在其"In Bed with Madonna"巡回演唱的舞台装完全以内衣表现，显示出她对以往传统服装观的彻底反叛与藐视。身穿锥形胸衣边舞边唱的大胆举动可以说开创了内衣外穿的先河。

内衣，向来被看作是非常隐私的东西，而如今，内室里原本秘不示人的内衣化成了街头款式。内衣外穿的流行让社会真正认识到时髦的魅力，也让男人看清了女人在时尚上的特权，更让"性感"这一在东方保守传统中不算褒义的词，成了女人听了脸色微红后心花怒放的赞美。走出卧室的内衣在外衣化的演变进程中，仍难舍内衣的性感柔情。内衣外穿，看似衣不遮体，但却有一种另类的美。

内衣外穿是不用内衣的形而取其意，是内衣的延展。在传统臆想中，内衣总是羞答答不出闺房，而时尚在玩尽外衣游戏后，又想出将内衣穿得刺激的花招。内衣外穿打破了内衣和外衣的界限，冲破了人们传统的又一局限，拆掉了又一个创意空间的壁垒，它公然与传统的社会伦理和性、隐私叫板。

衣服是覆盖在人体表面的。如果人始终没穿上衣服，当然不会出现诸如袒露的分寸等问题。既然已经穿上了，人类从此就着装的袒露问题，并关联着羞耻观念，开展起尖锐而又微妙的"斗争"。

从天地之间走出的人类，如同从娘胎里降生的婴儿一样，原本是赤条条的，在那略高于一般动物的群居生活中，根本无羞耻感可谈。在人类脱离蒙昧期以后，恰如伊甸园中亚当夏娃吞吃禁果以后，才发现了异性相对袒露身体是多么令人难为情。于是他们匆忙扯下无花果树叶挡住自己的下体，标志着人类走向文明期的开始。就在人们越来越聪明，越来越通晓人性，人群中出现社会组织而且日益巩固、健全、完备、有秩序的时候，人类着装中的袒露问题开始显得复杂化了，而且从此便在这个问题相持不下的抗衡中，出现了各个民族、各个地区人们各异的意识特性和思维定式。

首先，人类童年最初穿起衣服时，无所谓内外，因为不管树叶还是兽皮，都是一层。只有到了服饰成形以后，单层衣已难满足人的要求，才有了内衣和外衣的区分。所以，内衣外穿是服饰成熟期以后的事。其次，人在不同环境中，内衣外衣也会产生相对独立性。如同样是比基尼，在海滨浴场就可以算是外衣，但是在大街上包括在家里，这种款式只能算作内衣了。应该提及的是，有些服装在某国或某民族人看来可算外衣，如我们曾见奥运会跳水比赛的观众席上，女性就穿着"三点式"，这一幕如果发生在中国，就极易引起众人驻足甚至大乱。

对中国人来讲，内衣外穿是近几年的事。东方女性的服装一般都将身体包裹得很严实，仅露出面部和手。当内衣外穿风潮在时尚圈流行时，大多数中国人保持着谨慎的观望态度，对大洋彼岸的时髦装束仅限于欣赏，而鲜有身体力行者。但总有一两个喜欢吃螃蟹的人，做出了大胆的尝试，并且运用了中国的元素，那就是欲盖弥彰的肚兜。

说起肚兜的历史来也算是源远流长的。先是远古遮体保暖的兽皮树叶，然后到汉代的亵衣、唐代的抹胸、宋代的合欢，直至清代，便成了现在这样菱形的、有着金银挂链的肚兜。肚兜可谓是原汁原味的最具中国特色的内衣了。记得旧时的孩子都是着肚兜的。在民间有一种说法，说肚脐是孩子与母亲连接的纽带，孩子一脱离了母体，肚脐就成了最薄弱的地方，要穿了大红的肚兜来驱病镇邪。所以，肚兜的颜色大都是大红，小孩子的多绣上蝙蝠什么的以求驱邪之用，而沿袭为女子内衣的则绣的是牡丹、蝴蝶、鸳鸯戏水之类香艳的图案。在红烛高烧罗衫轻褪的时刻，把一生一世、一针一线密密匝匝地绣在肚兜的香艳中，想必也是为了讨自己的那个男人的欢喜。肚兜本是女儿家私人的贴身货，在一个男人的面前方能呈现。所以对于肚兜的重新诠释，中国的女子是一种羞怯的热爱。

当《卧虎藏龙》的女主角章子怡，穿上由奥斯卡"最佳美术指导"叶锦添设计的肚兜，出席2000年第50届柏林电影节的时候，小小的一件肚兜竟然让时尚界轰动了！谁料当年土得掉渣的肚兜，因为章子怡的一穿，顿时犹如一夜春风，让如今的"新新都市女孩们"把它化作她们最为垂青的时髦装扮。在"我奶奶"的"红高粱"时代，大红肚兜是乡村小妞们的典型装束。然而，三十年河东，三十年河西，进入了21世纪的今天，经过时尚人士的精心打造，肚兜这种古老的民俗服装如今竟然又大行其道，赫然惊艳于夏日都市街头，重新焕发出独特的魅力。肚兜从台下走上了台面，让内衣成为外衣。绚丽的颜色加上抽象的形式，肚兜一跃从旧文化的代表，升华成了新文化的先锋。无论如何变化，不变的肚兜代表了东方女性特有的性感。

在东风西渐的流行大环境中,肚兜的当红不是没有理由的。这种将前胸两片布绕到后颈或后背系绑、裸露出后背和肩膀的款式通常是运用于上衣、洋装和礼服上,最早风行于20世纪30年代,如今它被发扬光大、推陈出新。如今的服装,该短的都短了,该露的都露了,露脐装的盛行已将服装短的特点发挥到了极致,露肩装、无袖装,越露越多,短和露也陷入了绝境。肚兜的出现挽救了设计师们濒临破产的创意框架。它既将女性的胸部轮廓和曲线表现得淋漓尽致,又没有那种令人想入非非的直观勾勒;它的裸露面积大,却露得健康、明亮、无伤大雅。在内衣外穿风潮下时髦起来的肚兜,将实用性化解为装饰性从而进一步将实用性升华,这是潮人的天才之处。

肚兜,以神秘的东方风韵和醇厚的东方文化为基础,巧借"内衣外穿"的欧风美雨,成为近年来夏季时装中清凉养眼的亮点。冰雪聪颖的都市女孩,以灵动的想象力和天然的审美趣味,把传统风韵的肚兜,与一条飘逸的黑色麻纱长裤、精巧别致的绣花鞋,重新诠释出一种古典的浪漫。或者干脆将其与桀骜不驯的牛仔裤或七分裤相搭配,再登上一双怪模怪样的厚底鞋,在看似矛盾的搭配中,东方和西方两种美的元素奇妙融合。在古典和现代的碰撞中,产生出了极其抢眼的视觉效果。现代与传统、禁忌与开放,越矛盾,越冲突,越流行。

五、内衣外穿的误读

无论是麦当娜还是章子怡,她们的内衣外穿都是在特定场合下的特定穿着。但是一些人对这种内衣外穿的流行风尚误读误解,在一些不适宜的场合穿着了不适宜的装束,尴尬了别人,也难堪了自己。

2012年6月20日晚,上海地铁第二运营有限公司官方微博"上海地铁二运"发布了一则微博:"乘坐地铁,穿成这样,不被骚扰,才怪。地铁狼较多,打不胜打,人狼大战,姑娘,请自重啊!"——配图是一名身着黑纱连衣裙的妙龄女子的背面,由于面料薄透,致使旁人能轻易看到该女子的内衣,确实非常性感。当时这则新闻曾引起社会广泛热议,焦点就集中在内衣外穿的场合上。

在人们的日常交往中,穿衣戴帽也要讲求礼仪规范,这是一种相互表示尊重与友好,达到和谐交往而体现在服饰上的一种行为规范。穿衣有习惯性规范,这些规范界定每个人在特定场合穿着合适服饰的行为,其基本规则是合宜、得体。比如,在游泳池、海滨,你当然可以穿比基尼,但若你穿着逛街,就不得体了。

从这个特定的角度看,人类文化史,就是穿衣和脱衣的历史。古希腊脱,中世纪穿;文艺复兴又开始脱,古典主义复兴时期又开始穿。20世纪服装史内部,同样也贯穿着一种穿与脱的小周期。穿,最初是对窥视的抵制。后来的脱,同样是对窥视的抵制。

21世纪女性服装越来越暴露,这已经成了一个事实。暴露性展示,是在商品展示价值的支配下,一种浓郁的焦虑心理在内衣底下的躁动不安。T型台上的模特儿根本就不穿内衣,在众多看客眼皮底下晃来晃去,这种暴露性时装,充当了将隐私变成消费品的开路先锋的角色。之后的内衣外穿,是将本来只在特定的私人场合才能穿的内衣,如今招摇过市展示于外,让看客们浮想联翩,甚至烦躁不安。

其实,没有禁忌的赤裸裸状态,与性感或吸引力毫不相干。身体的完全解放,是以取消禁忌和压抑为前提的,而性感,或者说人体的神秘和诱惑力,又是禁忌的产物。这是一个基本矛盾。

古代的服饰完全是一种压抑,特别是对妇女而言。在畸形的压抑机制下,产生了一种十分奇怪的性感心理——对扭曲身体的病态迷恋。因为暴露对她们来说是没指望的,于是渐渐寄希望于压抑和扭曲。最典型的就是中国的"三寸金莲"。中国古代女性服饰对身体的扭曲,让男性产生了性感部位感受错乱,以致小脚变成了一个十分重要的性感带。这种性感心理与身体已经没有什么关系了,一双包裹得像生姜一样的小脚有什么诱惑力呢?但实际上诱惑力已经形成了。西门庆第一次见到潘金莲的时候,就被她的小脚刺激得直打哆嗦。

18、19世纪西方淑女的一套时装,据说有20磅重。重重叠叠的套裙底下,有厚重的束胸,还有铁丝做的裙撑。穿着这种裙装,不能快速走路,行走时双手要提着长长的裙摆,夹着双腿,颠着小碎步,这成了当时的一种时尚。但是这种装束使得女人们碰到紧急情况时常常当场昏厥,这时男士们则会及时伸手托住她们的腰肢,表现出很绅士的一面。

服装对身体的禁忌的状况,直到第二次世界大战之后才有所改变,女性身体的曲线才开始露出一点苗头。20世纪六七十年代,西方女性的大胆穿着达到了无以复加的程度。到80年代有一点回潮,女性又开始包装自己的身体,穿上了白领制服套装,一副女强人的打扮,但下身的裙子却越来越短。到了今天,暴露又成为一种现象。

无论穿还是脱,本质上不仅仅是个人的时尚选择,更多的是社会心理的外在表现。作为服饰穿着者,无论你选择穿还是脱,在个人审美需求的基础上,还是要参考这个大时代的要求。

汉服的褒衣博带

一、穿汉服，扬传统

近几年来，每到中国传统节日端午节，全国多地均会有报道称，出现一些人身穿多种不同款式的汉服，以献祭文、诵咏物诗等方式度过别样端午节的现象。这些汉服爱好者们向其他前来观礼的游客现场展示了多个不同款式以及不同用途的汉服，其中包括了高贵含蓄的深衣、庄重经典的曲裾、兴盛于大唐的襦裙、适合劳作的短打、洒脱自如的男装直身等。他们声称这样做并非为了哗众取宠、标新立异，而是希望弘扬传统，向传统文化致敬，向传统文化靠近。①

图65　大学生穿汉服过端午

其实这种现象并不是个案。近年来，汉服"秀"在内地轮番上演，不论是小学生身着汉服举行开笔礼，还是汉服集体婚礼大典，抑或是"两会"上关于是否将汉服作为学位服甚至国服的提案，各种声音都不绝于耳。

这种被称为"汉服运动"的现象实际上是一群中国人发起的汉文化复兴

① 参见中新网，http://society.people.com.cn/n/2012/0623/c136657-18368736.html。

运动,主要参与人群以20世纪70年代至80年代出生者居多,中坚力量是年轻白领和在校大学生,也有不少受周围亲友影响的儿童及中老年人加入。参与者来自世界各地,包括中国内地及其他华人地区等,以年轻人、知识分子为主,也有一些中国少数民族或世界其他民族的人因喜爱汉文化而主动穿汉服、支持汉服运动。

根据网络资料,早在2001年澳大利亚华人王育良就开始关注汉服,并上传了自制汉服照,成为当代自制汉服第一人。2003年11月22日,郑州人王乐天身穿汉服上街,成为当代第一个身穿汉服公开走上街头的人。他独自从早上11点走到了下午4点多,特地逛了街,游了公园,乘了公共汽车。王乐天的行为被新加坡的《联合早报》记者张从兴看到并采访后写下文章《汉服重现街头》,从此复兴汉服的活动开始有越来越多人参与。

2007年3月全国"两会"期间,中国政协委员叶宏明提议立"汉服"为"国服";中国人大代表刘明华则建议,中国大学在授予博士、硕士、学士等学位时,应该穿着汉服式样的中国式学位服。同年4月,天涯社区、汉网、秋雁文学社区等20余家知名网站联合发布倡议书,建议北京2008年奥运会采用汉服作为北京奥运会礼仪服饰和中国代表团汉族成员的参会服饰。

这些活动与倡议随着新闻媒体的报道,在国人中引起广泛讨论,有人认为复兴汉服是一种民族文化自觉,也有人认为拿汉服做传统文明救生衣是缘木求鱼,是打着扬我民族文化旗号的狭隘汉民族主义行为。这些争论一时难以平息,也很难分个胜负。但不管怎样,这是国人在全球化的状态下,急需民族身份认同、身份辨异的一种表现。

二、何谓"汉服"

尽管我们在越来越多的场合看到穿汉服的人,但对"汉服"的定义还存在不同说法,在一些人的理解中,汉服是"汉民族传统服饰",主要指服装具备明末以前汉族人的穿着特色,比如宽衣交领、袖宽且长、隐扣系带、上衣下裳。也有人认为,汉服的概念是比较宽泛的,它并不仅指汉代或唐代的服装,而是指中华民族几千年来总体的服装,因为中华民族本身的文化就是一个融合的过程。

1.究竟什么是"汉服"?

维基百科中"汉服"的词条是这样解释的:"汉服,即汉族服饰,又称汉衣冠、汉装、华服、唐服,是从黄帝即位(约西元前2698年)至明末(公元17世纪中叶)这近四千年中,以汉族(及汉族的前身华夏族)的礼仪文化为基础,通过历代汉人王朝推崇周礼、象天法地而形成的具有独特华夏民族文化风貌性格、明显区别于其他民族传统服装的服装体系。"

"汉服"一词,最早见于《汉书·西域传》:"后数来朝贺,乐汉衣服制度。"《辽史·仪卫志·舆服》也有记载:"辽国自太宗入晋之后,皇帝与南班汉官用汉服,太后与北班契丹臣僚用国服,其汉服即五代晋之遗制也。"

"汉服"本是在民族交往过程中少数民族对中原汉民族服饰的称呼,但随着近年"汉服热"的兴起,"汉服"一词外延为对汉民族传统服饰的统称。所以一般认为,从三皇五帝到明朝这一段时期汉民族所穿的服装就是汉服。汉服是汉民族传承千年的传统民族服装,是最能体现汉族特色的服装。

每个民族都有属于自己特色的民族服装,汉服体现了汉族的民族特色。汉服的主要特点是交领,右衽,不用扣子,而用绳带系结,宽袖博带,束发带冠,给人洒脱飘逸的印象。先人很讲究衣冠的动感,行动时往往与环境相偕,便有"曹衣出水,吴带当风"[1]"翩若惊鸿,婉若游龙"[2]等佳词妙章。这些特点都明显有别于其他民族的服饰。

2.汉服有礼服和常服之分

礼服是在正式场合穿的,相当于现代的西式晚礼服。冕服为古代帝王、诸侯及士大夫的礼服,一般在举行吉礼时使用。冕服之制,传说殷商时期已有,至周定制规范、完善。

常服是平常穿的,相当于现代的衬衫、T恤等。深衣是古代诸侯、士大夫等官员的常服,也是庶人唯一的礼服,最早出现于周代,流行于战国时期。《礼记·深衣》:"古者深衣,盖有制度,以应规矩、绳权衡。"郑玄注:"名曰深衣者,谓连衣裳而纯之以采也。"深衣是最能体现华夏文化精神的服饰。一般认为,深衣象征天人合一,以及恢宏大度、公平正直、包容万物的美德。袖口宽大,象征天道圆融;领口直角相交,象征地道方正;背后一条直缝贯通上下,象征人道正直;腰系大带,象征权衡;分上衣、下裳两部分,象征两仪;上衣用布四幅,象征一年四季;下裳用布十二幅,象征一年十二月。身穿深

---

① "曹衣出水,吴带当风"主要是指古代人物画中衣服褶纹的两种不同的表现方式。"曹衣出水"是指笔法刚劲稠叠,所画人物衣衫紧贴身上,犹如刚从水中出来一般。曹仲达,(北齐)曹国人,最称工,能画梵像。"吴带当风"是指笔法圆转飘逸,所绘人物衣带宛若迎风飘曳之状。吴道子所画的人物颇有特色,与晋人顾恺之、陆探微不同,以疏体而胜顾、陆的密体,笔不周而意足,貌有缺而神全。

② 语出自三国魏·曹植《洛神赋》:"(洛神)其形也,翩若惊鸿,婉若游龙。"比喻美女的体态轻盈。

衣,能体现天道之圆融,身合人间之正道,行动进退合权衡规矩,生活起居顺应四时之序。

汉服从形制上看,主要有"上衣下裳"制(裳在古代指下裙)、"深衣"制(把上衣下裳缝接起来)、"襦裙"制(襦,即短衣)等类型。其中,上衣下裳的冕服为帝王百官最隆重正式的礼服,袍服(深衣)为百官及士人常服,襦裙则为妇女喜爱的穿着。普通劳动人民一般上身着短衣,下穿长裤。配饰与头饰是汉族服饰的重要部分之一。古代汉族男女成年之后都把头发绾成发髻盘在头上,以笄固定。男子常常戴冠、巾、帽等,形制多样。女子发髻也可梳成各种式样,并在发髻上佩戴珠花、步摇等各种饰物。鬓发两侧饰博鬓,也有戴帷帽、盖头的。

图66 汉族传统服饰

汉服是世界上历史最为悠久的民族服饰之一。《史记》记载,华夏衣裳为黄帝所制,《易·系辞下》:"黄帝、尧、舜垂衣裳而天下治。"服饰制度初步建立。夏商周以后,冠服制度逐步完备。周代后期,由于政治、经济、文化发生急剧变化,特别是百家学说对服饰的完善有一定的影响,诸侯国间的衣冠服饰及风俗习惯上都开始有着明显的不同。冠服制度被纳入"礼治"的范畴,成为礼仪的表现形式,从此中国的衣冠服制更加详备。

汉族的服饰制度自周代至明代,虽历经民族大融合,服饰上吸收并蓄了异族的服饰元素,但基本特征没有大的改变。一直到了清初,汉服制度崩溃。明朝灭亡后,清朝统治者为了达到削弱汉人民族认同感、维护满人贵族

统治的目的，大力推行满族服饰，以残酷的手段禁止人民穿戴汉族服饰，史称"剃发易服"，使汉服逐渐消亡。今天的旗袍、长衫、马褂都是从满族的民族服饰改良和发展而来，而非汉族传统的民族服饰。辛亥革命推翻了清朝统治，人们的思想趋于西化，改穿西式服装，并没有恢复汉服。

在21世纪的今天，随着中国国力的发展，人们开始审视自己的传统文化，神州大地上出现了一种恢复中国传统的新趋势，有人将其称为"文化复兴"，最明显的例子就是，一些人试图将一直主导中国社会的汉服带回新时代。作为华夏民族的"皮肤"，汉服深刻地烙印在中华文明的各个方面，代表了这个古国民族华丽、优雅、博大的气质。

经过几千年的发展，汉服在其宽大飘逸、流畅脱俗的基本风格之下，演绎出几百种款式，例如汉代宫廷中女子爱穿的曲裾式，续衽后的曲边围绕人体转一圈或两圈，下衣的裙部层叠出流美的曲线，高贵却不失含蓄。唐代最流行的襦裙，是上衣下裳类汉服的代表，衣缘和下裙的花纹搭配，朴素里衬托着秀丽。由直领汉服发展而来的鹤氅，本是指用白鹤等鸟类羽毛捻绒拈织的贵重裘衣，后指宽长飘逸、长至曳地的外衣，其悠闲恬淡的风格受到中年男子的喜爱。

汉服在发展的过程中也吸收了不少其他民族服装的长处，最著名的可算是"胡服骑射"，即在宽袍大袖的基础上，吸纳了胡服简易方便的特点，重新设计，形成了改良型的短衣，后世不断发展，成为古代劳动人民常见的衣着。不过，汉服吸纳了外族服饰的优秀元素，却并没有改变其最基本的特点，如交领、右衽、系带、隐扣等。汉服也在满足汉服的民族传统性、制式文化的基础上，在用料、纹饰及一些细节上略加改良，从而形成现代汉服体系。

现在的汉服爱好者们主要穿的是直裾或曲裾深衣、襦裙、褙子和直裰等，在祭祀的场合也穿玄端，取消和淡化了等级制度和朝代的印记，更加强了汉服形制的基本特点，注重汉服作为传统文化符号的含义。

三、传统汉服样式

服饰是文化的组成部分，是一个民族最直接的文化符号，但服饰的发展变化并不以自身的逻辑为规律，而更多的是与上层建筑的变化即政治权力的争夺、意识形态的转变息息相关。

夏商代服饰形制逐步确立，周代趋于完备。周朝的服饰制度详尽记载在《礼记》《周礼》《仪礼》中。"黄帝、尧、舜垂衣裳而天下治，盖取之乾坤。""垂衣裳"是指用丝麻布帛做衣裳，长大下垂，并以此来区分贵贱，这种形制取自乾坤尊卑，因此上衣下裳也有象征天地乾坤之意。"上衣下裳"制是最初的形制。

汉朝的礼仪制度由汉高祖的太常叔孙通依据周礼所制定。"乘殷之辂，服周之冕"是儒家治国思想的要义。《春秋左传正义·定公十年》："夏，大也。中国有礼仪之大，故称夏；有服章之美，谓之华。华、夏一也。"可知中国古称华夏，乃基于衣冠礼乐文明而得名。"服章"乃君臣位阶识别之衣装，故各华夏朝代均宗周法汉以继承汉衣冠为国家大事，于是有了二十四史中的《舆服志》。

中国的服饰发展遵循自己的传统，决定服饰样式演变的是"敬天法祖"的信仰，礼制的规范，对传统的继承，以及在"夷夏之辩"中对汉服作为民族文化符号的认同。汉服特点是交领右衽、以系带为主。交领指衣服前襟左右相交。汉服的衣襟一般是向右掩（左前襟掩向右腋系带，将右襟掩覆于内），称右衽。中国古代一些少数民族服装是向左掩，称为左衽。孔子《论语·宪问》："微管仲，吾其将披发左衽矣。"这说明他认为"束发右衽"的服饰形制是汉民族的文化象征，以区别于夷狄的"披发左衽"。可见"右衽"这一特征对于汉民族的重要性。

传统衣服的样式都很宽松，没有纽扣，一般在腰间系带，有的在带上还挂有玉制的饰物。当时的腰带主要有两种：一种以丝织物制成，叫"大带"或叫"绅带"；另一种腰带以皮革制成，叫"革带"。

其实我们现在所用的"绅士"一词，源于这里所说的"绅"。《说文解字》中说："绅，大带也，从丝申声。"可见绅是用丝帛织成的，因此"绅"字是带丝字旁的。在古代，人们把衣服裹好后，就在衣服外面系一个大带，随身携带的物品，如佩玉、长穗也可以系在这根腰带上。腰带太长了，自然会下垂，带子末端的下垂部分可以作为装饰。宋邢注："以带束腰，垂其余以为饰，谓之绅。"据先秦文献记载，当时的丝带形制比较复杂，颜色、装饰各不相同，上自天子，下至士庶，等级差别十分显著。甚至对带子系结后下垂部分的长短尺寸，都有严格的规定。《礼记·玉藻》曰："绅长制，士三尺，有司二尺有五寸。"绅的含义引申为"束绅之士"，简称为"绅士"，并进而特指有一定地位和身份的士大夫阶层。后来人们便称有身份有地位的人为"士绅"或"绅士""乡绅"等。

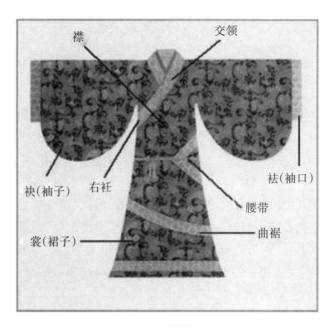

图67　曲裾深衣

先秦时期，人们按身份等级、贫富地位着装，男女服饰同型同色。到了汉代，男女服装在样式上的距离逐渐拉大，服饰开始有了性别差异，形成了衣身日见宽大的男装和衣袖渐长的女装两种不同风格的服装样式。

袍服是汉代有代表性的衣服。当时社会风尚以袍为尊、为贵。所以汉代袍服不仅已开始外穿，而且一直是作为礼服着用的。宽大衣袖的袍服作为礼服的形制其外形与深衣接近。

汉代的袍服有两种形式，即曲裾袍和直裾袍。

曲裾，也就是战国时期流行的深衣，汉代仍然沿用，在款式和造型上略有变化。曲裾袍右片衣襟接长，加长后的衣襟形成三角，经过背后，没有缝在衣上的系带，以腰带系住三角衽片的末梢来固定。这一状况可能就是古籍资料提到的"续衽钩边"。"衽"是衣襟，"续衽"是将衣襟接长，"钩边"是形容绕襟的样式。流行于先秦至汉代。

曲裾出现可能与汉族衣冠最初没有连裆的罩裤有关，下摆有了这样几重保护就合理并合礼，因此，曲裾深衣在未流行合裆裤的先秦至汉代较为流行。开始男女均可穿着，后来男子曲裾愈来愈少，曲裾作为女子衣装保留的时间相对长。曲裾袍衣长曳地，行不露足，具有含蓄、儒雅的特征。

图68　曲裾袍

　　直裾袍早在西汉时就已出现,特点是正直端方的方形衣身,制作时将衣襟接长,穿时折向身背,垂直而下。直裾袍不能作为正式的礼服,是因为古代的裤子都没有裤裆,只有两条裤腿穿到膝盖位置,上面用带子系在腰部。这种没有裤裆的裤子穿在里面,如果不用外面的衣服遮挡,裤子就会露出来,在当时被视为礼节的禁忌。以后随着服饰的改进及服饰制度的日益完备,出现有裆的裤子。由于内衣的改进,在先秦及西汉前期较为盛行的绕襟曲裾因其穿着烦琐逐渐被直裾替代。至东汉以后,直裾逐渐替代曲裾并流行和普及,成了深衣的主要形制。

图69　直裾袍

在我国古代，人们把系在头上的装饰物称为"头衣"，主要有：冠、冕、弁、帻四种，其中"冠"是专门供贵族戴的帽子。汉代冠的名目繁多，有20多种。起初，发冠是套在束起的发髻上的一个罩子，人们戴发冠只是为了美观的需要，样式也没有什么具体的规定。大约在商朝，开始出现冠服制度。到了汉代，衣冠制度又被重新制定，通过冠帽就可以区分出一个人的身份和等级。

我们常用"衣冠"来统称服饰。时至今日，我们还能从一些词汇中体会到这一点。如"衣冠楚楚"是指衣帽穿戴得很整齐漂亮；而"衣冠禽兽"则是一个贬义词，是指穿戴着衣帽的禽兽，指品德极坏，行为像禽兽一样卑劣的人。还有一个与衣冠相关的成语叫"衣冠南渡"，是西晋将京师从洛阳南渡至建康（今南京），这是中原汉人第一次大规模南迁。晋时士族峨冠博带，衣冠楚楚，相对于普通人的蓬头短袄，显得风度翩翩。这里的"衣冠"代表文明的意思，衣冠南渡即是中原文明南迁。

除冠外，平民男子头戴巾、帻也是常见的，而且每类又有诸多名目。汉代乐府《陌上桑》中唱道："少年见罗敷，脱帽著帩头。"其中帩头就是男子包头发的一种纱巾。汉末儒生势力渐强，名士们认为用幅巾包头是很风雅的举动，于是戴头巾的风气大兴。而帻最初也是一件缠在头上的巾子，汉代时把它改成一种帽子。

在汉时，男女服装没有多大区别，男子也穿裙，从古时传下来的上衣下裳，其中"裳"就是指裙子。汉朝以后才正式出现"帬"，《说文解字》中说"帬，下裳也，从巾君声"，也就是今天所说的"裙"。《北史·邢峦传》中写道："萧深藻是裙屐少年，未治政务。"可见当时男子穿裙之风依然很盛。裙子成为女子的专用服饰是在进入唐以后，而且还渐渐成了女性的代名词。

而要说起中国妇女普遍穿有裆裤，则始于一位西汉皇后的妒忌心。汉昭帝时（前87—前75），大将军霍光专权，上官皇后是霍光的外孙女，二人勾结一气，把持朝政。两人想巩固自己的地位，让上官皇后一人生下皇子继位。当时汉昭帝身体不好，太医与近侍宦官趁机讨好上官皇后与霍光，借口皇帝必须节制房事，命令后宫女子必须穿有裆的"穷裤"，而且要在裤子上系上好几条带子，这样一来，就能防止宫女们随时受到皇帝宠爱，让上官皇后一人得宠。从此，中原汉族的妇女才逐渐改穿有裆的裤子。

汉代女子最流行的服饰是深衣，此时的女子深衣款式多变且时髦。曲裾深衣在汉代女服中极为盛行，衣身长可曳地，下摆呈喇叭状，行不露足，衣袖有宽窄两种样式，袖口多有镶边。衣领通常用交领，领口很低，以便露出里衣。

图70　湖南长沙马王堆一号汉墓出土帛画局部

除此之外,妇女也穿襦裙,上襦下裙。自战国到清代的两千多年间,襦裙的穿着方式一直是中国历代妇女的主要装束。襦裙的基本款式是:襦的袖子一般较长,或窄或宽;交领右衽,直领则多配以抹胸;腰带用丝或革制成,起固定作用,还可佩戴玉佩等。襦裙上衣短,下裙长,体现了黄金分割,具有丰富的美学内涵。尽管依各个时代的风格和审美标准使襦裙长短、宽窄不断变化,但基本形制始终保持着最初的样式。

汉代贵妇发型以高为美。《后汉书·马廖传》载:"闻长安语云:城中好高髻,四方高一尺;城中好广眉,四方且半额。"从中可以看出长安城流行高髻,城外人就纷纷效仿。汉代女子的首饰丰富,有笄、簪、钗、华胜[1]、擿[2]、步摇簪等。

汉服的特点是褒衣博带,汉服的风格是清淡平易。给世人留下这样印象的,与人们对东晋"竹林七贤"的印象不可分。20世纪60年代,在南京陆续发现了多处具有大型拼镶砖质壁画的六朝墓葬。在这些壁画中,最引人注目的是以著名的魏晋名人"竹林七贤"为主题的大幅作品。

画面上的七位魏晋名士(嵇康、阮籍、山涛、王戎、向秀、刘伶、阮咸)以及荣启期,有的身穿直领宽袖的肥大长袍,敞开衣襟,露出里面的交领宽单衣,腰束宽带;有的上穿直领宽袖单襦,下束肥大的长裙;有的只穿一件交领长袖的深衣。虽然款式不尽相同,但他们穿的服装都有一个共同的特点,就是宽松肥大。他们上衣袖子的肘部都做得特别宽,几乎可以拖到地面。腰间

汉服的褒衣博带　HANFU DE BAOYI BODAI

① 华胜:即花胜,古代妇女的一种花形首饰。

② 擿(zhì):簪子的一种。

系一条长带,随风扬起。

图71　南京西善桥六朝大墓中出土的砖模印壁画

　　在东晋著名画家顾恺之的《洛神赋》和《女史箴》图卷中,穿着褒衣博带式样的男女人物比比皆是。这种服装不仅男子可以穿,女子也依样模仿。在河南发掘的南朝墓葬中出土了一些画像砖,其中一幅描画着两位出游贵妇,她们上衣宽大,外面套上一件半袖,腰间束着宽带子,下穿长裙,衣袖宽松,与裙裾一起随风飘扬。

图72　河南出土的南朝贵妇出游画像砖

　　而在甘肃嘉峪关魏晋墓葬壁画中,也可见这种类似的宽袖上衣。可见,当时褒衣博带的服饰流行很广泛。

图73　甘肃嘉峪关魏晋墓葬壁画《进食》

有研究表明，魏晋时期流行"褒衣博带"的服饰款式，与当时人们喜食五石散不无关系。魏晋时期玄学盛行，重清谈，人们更是吃药成风，服用五石散。服了药物，体内热量散发不出去，皮肤干燥，衣服与皮肤摩擦，容易溃烂，必须穿着宽大的衣裳，以避免皮肤的溃烂。

鲁迅先生在《魏晋风度及文章与药及酒之关系》一文中一针见血地指出，服了五石散后："全身发烧，发烧之后又发冷。普通发冷宜多穿衣，吃热的东西。但吃药后的发冷刚刚要相反：衣少，冷食，以冷水浇身。倘穿衣多而食热物，那就非死不可。因此五石散一名寒食散。只有一样不必冷吃的，就是酒。吃了散之后，衣服要脱掉，用冷水浇身；吃冷东西；饮热酒。这样看起来，五石散吃的人多，穿厚衣的人就少。……现在有许多人以为晋人轻裘绥带，宽衣，在当时是人们高逸的表现，其实不知他们是吃药的缘故。一般名人都吃药，穿的衣都宽大，于是不吃药的也跟着名人，把衣服宽大起来了。"

也就是说，魏晋人服饰的飘逸，并非仅仅为了表现仙风道骨，而是有苦衷，不得已而为之的，必须"褒衣博带"。

从汉代的帛画和魏晋隋唐遗留下的一些人物画中窥其神貌，可以发现，形制简单的汉服穿在不同体态的人身上，会产生不同的审美效果，它具有一种鲜活的生命力，线条柔美流畅，令人浮想联翩。朴素平易的装束反而给穿着者增添了一种天然的风韵。宽衣大袖充分体现了汉民族柔静安逸和娴雅

超脱、泰然自若的民族性格,以及平淡自然、含蓄委婉、典雅清新的审美情趣。

尽管有一定之规,在中国服装史上汉服还是有几次意义重大的"混血"。赵武灵王强制推行"胡服骑射",使中原武士着短衣紧裤,形象利落了许多。盛唐兴起的圆领窄袖,曾经在当时的中亚地区广泛流行。明太祖朱元璋推翻元朝后,诏令"衣冠制度悉如唐宋之旧",因此明朝服式恢复了汉服传统。但有一种叫曳撒的特色服饰吸收了一些元代服饰的特点。

图74　曳撒

民国是汉族传统服装吸收借鉴的一个高潮,特别是旗装,有满族服装的一些特点,又吸收了西洋的裁剪工艺,紧身、合体,改变了过去重重包裹、弱化女性形体特征的陋俗,体现了现代审美观。

汉服作为一种拥有悠久历史的民族服装,虽历时近几千年的时间跨度和数百万平方公里的空间广度,但其基本形制"交领右衽,不用扣子,用绳带系结"的特点却是千古未变的,这就是汉服的传承性与统一性。

四、汉服之争

汉朝是中国最重要和杰出的王朝之一,也是中国封建王朝以中央集权的国家概念最早、最完备、最先进、最强大的王朝,汉人的称谓由此而来。在这一时期随着社会的进步,汉域本土民族文化蓬勃发展,达到了极高的艺术和审美成就。今天,占据绝大多数的中国主体民族——汉族,就是以汉朝的名字命名的。

在中国历史上，由于历朝都讲究"改正朔，易服色"，因此从秦汉开始到清朝结束，在三千年的王朝更替过程中，作为政治地位和社会等级的象征，统治者都会对各阶层的标准服饰做出自己的规定。这也是作为中国社会主体的汉族，始终没有一套严格意义上流传下来的民族服饰的原因。

汉服是汉民族传承了四千多年的传统民族服装，是最能体现汉族特色及信仰的服装，汉服的每一个特点都可以在四书五经、经史子集里找到依据。汉服体系展现了华夏文明的等级文化、亲属文化、政治文化、重嫡轻庶、重长轻幼以及儒家的仁义思想。在中国古代的宗法文化背景下，服饰具有昭名分、辨等级、别贵贱的作用。

从"衣冠王国"走来的中国，在进入21世纪后已步入快速发展的轨道，经济、文化、社会等各个方面都力争与世界先进发达国家并轨同步，在服饰的发展变化上也渐次与世界接轨，西服、运动装、喇叭裤、牛仔裤、高跟鞋、香水……逐步跟进世界流行时尚，给国人带来全新的生活方式，也给国人注入一种全新的价值理念。这些发展变化都深入到人们的日常生活中。

在我们欣喜于跻身世界先进行列时，在精英白领们西装革履地出席商务谈判时，在年轻人身穿白色婚纱举办婚礼时，一些人在传统文化热潮渐渐兴起的背景下，开始推崇一种"新时尚"，他们穿汉服、行古礼，进行民间祭祀，举办婚嫁仪式，盘腿坐榻，奏乐读经，恍惚间仿佛世人穿越到了古代。

在汉服爱好者看来，"华夏复兴，衣冠先行"，复兴汉服，是为了"重建民族自尊、寻回民族自豪、复兴华夏文化、重塑中华文明"。他们身着汉服，参与祭祀活动，庆祝传统节日，举办汉服婚礼，新闻媒体纷纷加以报道。一时间，"汉服复兴""汉服时尚"等概念不断涌现。

在汉服复兴运动中，有三个大事件引起公众广泛关注。

一件事是"中国式学位服"的倡议。

2006年，天汉网和汉服贴吧共同发出"中国式学位服"服饰倡议，提供了详细的"中国式学位服"设计理念、设计方案（含款式图）及学位授予礼仪方案。"中国式学位服"是以汉服为蓝本，由学位冠、学位缨、学位领、学位礼服、礼服徽等组成。

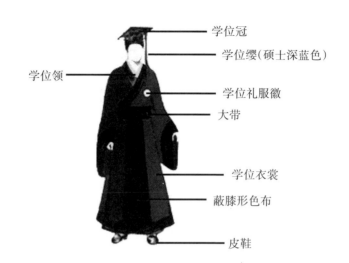

学位冠

学位缨(硕士深蓝色)

学位领

学位礼服徽

大带

学位衣裳

蔽膝形色布

皮鞋

图75　中国式学位服

　　倡议者说,我国当前使用的学位服是西方的舶来品。中国教育具有悠久传统,学位服饰及学位礼仪应具有中国传统特色。学位服本身是一种礼服,用汉服替代现行的学位服,是一种可行性较高的提议。从外观上来看,汉服更适合中国人的体型,其庄重威仪的文化气质,更胜任学位服的本身意义。从代表含义上来讲,我国的现代教育制度虽然借鉴西方教育体系,但却有不同的特点和内容,中国式学位服在文化上有完全独立的姿态和表现。

　　另一件事是北京奥运会采用汉服作为礼仪服饰的倡议。

　　2007年4月,百余名学者联名倡议北京奥运会选汉服为礼服。倡议书建议选择"深衣"这种最能体现华夏文化内涵的服饰作为华夏民族的礼服,在奥运会相关礼仪场合穿着。

　　还有一件事是确立汉服为"国服"的倡议。

　　2007年"两会"期间,全国政协委员叶宏明提议,确立"汉服"为"国服"。他说,今天没有一种服装被确认为代表国家民族形象的常规礼服。此前,有人曾建议将中山装定位为这个对外交往时的着装,但在中国被冷落的中山装却被马来西亚内阁批准为"官方服装"。为什么要确立汉服为"国服"?叶宏明解释说,汉民族是中华民族的主体,汉语是中国的"国语",因此确立汉服为"国服",既代表了汉民族的传统,体现了汉文化的历史沿革,又能增强全国人民包括港、澳、台、侨同胞对祖国的热爱之情。

图76　男式和女式汉服模拟图

　　汉服已经从中国消失了300多年,清政府的一场"剃发易服"让它几近消失。如今,宽袍大袖的汉服再现中原,这是单纯的爱好,是文化的复兴,还是极端的民族主义?

　　汉服作为文化象征和文化符号,已深深嵌入数千年来的民族记忆,但作为日常服饰,已沉寂数百年,在现实生活中,今人已产生陌生感。这股"汉服热"的兴起,已经引起纷纷争论。在汉服爱好者一腔热情提倡汉服复兴的同时,关于它的争论更是此起彼伏,从未停歇。

　　汉服拥护者说,汉服复兴的背后承载着文化,是传统文化复兴的突破点。"所谓恢复汉装,继承和弘扬民族文化,并非为了贬低其他民族。我们并不想鼓吹大汉族主义,形成民族对抗的矛盾。我们要恢复的,是汉族的悠远文化,抗拒'哈韩''哈日'行为。汉服文化是我们使汉文化重新发扬的一个突破口。"

　　汉服反对者说,复兴汉服是打着扬我民族文化旗号的狭隘汉民族主义行为。传承传统文明,传承的应该是其中的精华,决不应该抱着早已被扔到历史垃圾堆的东西当宝贝。举行成人仪式也应该与现代社会接轨,要适应当今时代的生活方式。那种把汉服当作传统文明的救生衣,用形式损害内容,无疑是缘木求鱼的不智之举。

　　另外,有些人也提出"国服"的问题。日本有和服、韩国有韩服、印度有纱丽……当这些服装以其浓郁的民族风韵展示一个国家的魅力时,自古有"衣冠王国"之称的中国,究竟该以怎样的"国服"面对世界? 这是许多汉服

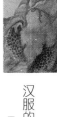

汉服的褒衣博带
HANFU DE BAOYI BODAI

107

提倡者关心的话题,也是他们力推汉服的重要原因之一。人类通过服装系统来提升对民族文化的认知,以及对自身身份的认同和自信,越是在经济全球化的状态下,越是需要民族身份认同和辨异。

但也有人提出相反的观点。早在几年前,作家余秋雨就提出,如果中国人都要穿汉服,那就进入了一个民族主义的概念之中。由此,他向汉服推广者提出疑问:"你们把五十几个少数民族放在哪里?如果改叫'华服',那么进一步的问题又来了,不汲取少数民族的元素,大家反而会心理受伤,徒生摩擦;如果都汲取了,那该是一种什么服装呀,你敢穿吗?"而他的这一观点,在近年的多次汉服争论中,被质疑汉服是否需要推广的人们反复提及。①

峨冠博带,长襟宽袖,打躬作揖……汉服爱好者在网络上自建网站论坛和QQ群,在节庆、祭祀等重大场合穿汉服,恢复已经消失的节日,力挽即将消失的民俗,如在端午节按传统习俗祭祀屈原、射五毒、系五色丝等,恢复上巳节②、冠礼③、合卺婚礼④等。汉服爱好者们试图通过这些形式的推广,让汉服文化深入人心。

他们认为,既然现代人都知道重大场合穿正装是一种礼貌,那么作为一个民族,在重大场合展现民族服装更是展示民族文化的最好方式。为了在更大范围内引起公众关注,他们身穿汉服,在繁华街巷穿城而过,引起高频次的回头率;他们利用公众节假日,在公园闹市进行汉服时装表演;他们举行各种传统仪式,组织、参与或表演各种民俗活动;他们适时提出某些主张或建议,通过大众媒体予以放大,构成热门话题。

但是更多普通人对汉服的质疑,主要在实用性方面。"戴着黑框眼镜,登着'恨天高',用iphone玩自拍,穿汉服像样吗?开着车,打着羽毛球,健着身,穿汉服像样吗?坐在或现代简约或欧式美式风格的家里,穿汉服像样

---

① 参见http://news.sohu.com/s2006/hanfu/。

② 上巳节是中国汉族古老的传统节日,俗称三月三,夏历三月初三为上巳日。这天,人们把荠菜花铺在灶上以及坐、睡之处,认为可除蚂蚁等虫害;把荠菜花、桐花藏在毛衣、羽衣内,认为衣服可以不蛀;妇女把荠菜花戴在头上,认为可以不犯头痛病,晚上睡得特别香甜。

③ 冠礼,是古代中国汉族男性的成年礼。冠礼表示男女青年至一定年龄,性已经成熟,可以婚嫁,并从此作为氏族的一个成年人,参加各项活动。成年礼(也称成丁礼)由氏族长辈依据传统为青年人举行一定的仪式,才能获得承认。

④ 合卺是汉族婚礼仪式之一。即新婚夫妇在新房内共饮合欢酒,举行于新郎亲迎新妇进入家门以后。

吗?"不少网友以这样的类比提出:汉服还是让它活在舞台上吧。

从服装或者仪式上靠近古代文化传统,是当下不少地方的习惯性做法,不过,这似乎仅仅触及了传统文化的浅表,而非真正与传统文化接触和靠拢,有些甚至还产生了过度商业化的弊端。

大约从2004年起,中国掀起了"汉服热",时至今日,不可否认的是,"汉服运动"似乎进入到了一个瓶颈。汉服的活动场景多在传统节日和一些祭祀礼仪活动中出现,通常一场活动中要伴随着才艺表演,舞剑、弹筝等传统技艺是亮点,然后是朗诵诗词或者是唱歌等,久而久之,着汉服更像一种文艺表演的"戏服"。不仅如此,由于汉服活动具有重复性,人们逐渐产生审美疲劳,除少数热情拥趸者外,大多数人对汉服的热情逐渐递减。一旦人们的热情消解,所谓汉服复兴就如纸上谈兵,无所依托。

一般来说,民俗是民族或族群认知所形成的一种共同的精神生活形态,是民族共同精神生活中的认同感。这种民族认同感是人类族群或群体不约而同的感受,类同于文化认同。如果当下的"汉服复兴"离开这种认同感恐怕就陷入了凌空蹈虚之中。

汉服的褒衣博带
HANFU DE BAOYI BODAI

唐装的典雅大方

一、2001年"新唐装"亮相

说起唐装,不得不提2001年10月在上海举办的亚太经济合作组织峰会(APEC)上那次令人难忘的"唐装秀"。APEC大家庭一年一次的"全家福"合影是峰会最抢眼的风景,多年来,领导人合影时到底要穿什么样式的衣服,就成了会前各国新闻媒体所关心的热点问题之一。当时参加APEC峰会的20位国家领导人集体亮相,齐刷刷地穿着中式对襟唐装,迈步走进上海科技馆主会场。

这种具有浓郁中华民族传统特色和时尚文化理念的"新唐装",共有中国红、绛红、暗红、蓝、绿、咖啡六种颜色,在款式上保留了中国传统服饰的古朴韵味,又兼具现代服装洒脱自如的特点,在制作上运用了中国传统服装的缏边及盘扣工艺,衣料采用传统团花织锦面料,花型设计以传统的图案花纹为基础,用中国名花牡丹围绕于"APEC"四个字母。

其实,自从1993年在美国西雅图召开第一次APEC会议中领导人穿上便服,以后每次APEC会议期间领导人都必须穿着东道主为之准备的服装,这已成为一个惯例并成为每次APEC会议中最亮丽的一道风景线。因此,历届APEC会议中领导人穿着何种服装在正式亮相之前都是主办国的"机密",都是世人关注的热点之一。

2001年APEC会议召开之前,媒体纷纷猜测中国会提供什么样的休闲服装给每一位与会领导人穿,探听领导人服装设计制作的内幕情况,但始终未能如愿。直到10月21日上午8点20分,当参加会议的20位APEC经济体领导人身穿由中国准备的统一服装在上海科技馆亮相后,谜底才大白于天下。

随之而来的是各种新闻媒体争先恐后的集中采访、报道以及对领导人服装名称五花八门的叫法。

按照APEC会议的以往惯例,本次会议筹备部门给此次领导人服装原来确定的正式名称是"APEC领导人休闲服"或"现代中式上衣"。但后来各种新闻媒体对服装的叫法则是各显神通,比如中式服装、中国传统服装、唐服、唐装、中装、中国装、盛装、华服、中式对襟夹装、新版"马褂"等。民间的叫法也多种多样,如APEC服、APEC中装、中西式服、元首服等。

为此,有必要给2001年APEC领导人服装取一个通俗易懂、简明扼要的名字。据APEC会议各国元首所穿服装的主要设计者余莺女士说,最后经过统一认识,提出了"唐装"和"新唐装"的名称。

首先,现代意义上的"唐"并不一定就是指唐朝,而是一种泛指或特指。《明史·外国真腊传》言:"唐人者,诸番(外国人)呼华人之称也。凡海外诸国尽然。"英文china原意是指瓷器,但后来就演变成特指中国。国际上习惯将中国人称为"唐人",这里的"唐人"实际上就是指现代中国人,"唐人街"就是指在海外某些城市中现代中国人集聚居住的地方。因此,称呼"唐装"并不一定是专指我们国家历代服饰中的唐朝服装,而是象征性地泛指现代中国人穿的传统服装。

其次,中国历史悠久,具有中国传统特色的服装并能代表中国传统服装的朝代也很多。但相比之下,唐朝是中国历史上最强大、最鼎盛的时代之一,虽然距今已有一千多年历史,但盛唐的辉煌至今仍使每一个中国人感到自豪。因此,以中国历史上最强盛朝代的"唐"字来称呼中国的传统服装,应该是当之无愧的。

最后,"唐装"两字书写简明扼要,读起来朗朗上口。有关新闻媒体已多次使用了"唐装"这一说法,并得到了普遍认同。到目前为止,似乎还找不出一个比"唐装"更好更确切的名字。

事实上,我们从2001年APEC会议上认识的"唐装"并不是完全传统意义上的中国传统服装,而是经过了传统和现代二者之间,在款式、面料以及工艺上的保留与创新,并融入了新世纪时尚文化后的现代中式服装。

二、何谓"新唐装"

学者周星在《新唐装、汉服与汉服运动——二十一世纪初叶中国有关"民族服装"的新动态》文章中是这样解释的:"'唐装'这一概念,原本有两层基本含义,一是指唐代人的服装;二是指一般意义上的中式服装。其第二种含义可能与涉及海外华人的'唐人街''唐人'等概念有关,基本上是指被海外所认知的中式服装或泛指中国人的装束。但是,自从2001年10月21日在上海召开的APEC领导人非正式会议上,一套经过重新精心设计的中式服装一经亮相，'唐装'一词便有了新的第三层含义，亦即专指这种经过重新设计，并迅速在海内外华人中流行开来的中式服装。"①

这种所谓的"唐装"是由清代的马褂演变而来的，其款式结构有四大特点：一是立领，上衣前中心开口，立式领型；二是连袖，即袖子和衣服整体没有接缝，以平面裁剪为主；三是对襟，也可以是斜襟；四是直角扣，即盘扣，扣子由纽结和纽襻两部分组成，造型别致、做工精良的盘扣可以说是唐装整体中的"画龙点睛"之笔。另外唐装的面料主要使用织锦缎。

图77　新唐装

如果仔细观察当下流行的各种传统服饰，会发现它们已决非古代服饰的完全纯粹的复制，而只是借取若干中国元素，根据现代人的着装特点，糅合西方的现代设计理念，并运用先进的现代工艺，实现了古典文化与现代精神的完美融合。新唐装就有这样的特点，立领、敞领、斜襟、对襟、绲边、盘花扣，这些中国元素经过设计师们的重新组合、巧借、变异，大大拓展了唐装的表现空间。中国味道不再是单一、古板、保守的刻板印象，而是成为一种开放的拥有无限发展可能的意义结构，成为时尚潮品中的一员。

这种新唐装具有自己独特的魅力，相对于西装外观挺括的特点，新唐装的肩部自然垂展，不加任何雕饰。而且穿着唐装非常舒适，它没有一定的形式，是随着穿着者的身体曲线而改变的。

在中国经济持续攀升的新千年，中国人迫切地需要一些本民族特色的

①周星：《新唐装、汉服与汉服运动——二十一世纪初叶中国有关"民族服装"的新动态》，《开放时代》2008年第3期，第128页。

东西作为对外交流的名片，唐装应运而生，一跃成为那几年最热门的服饰。从年幼的孩子，到年长的老者，唐装收缩度极大的剪裁，贴合了各个年龄段消费者的需要，而它柔亮的面料，则非常契合农历新年的氛围。

不过现在人们穿着的唐装已经进行了很多改良。比如现在的中式服装很少用连袖，因为连袖就等于服装没有肩部，也不能用垫肩，那样肩部就不够美观；传统中式服装是不收腰的，女士穿着缺乏曲线美，现在的中式服装都改成收腰的了；过去的裙子下摆非常窄，走路只能迈碎步，现在把裙摆做大了，便于活动；还有像旗袍，传统的开襟特别高，现代人尽管比过去开放得多，但穿起来还是有点别扭，所以开襟就低多了。

所以说，现在的唐装是传统和现代的结合品。它既吸取了传统服装富有文化韵味的款式和面料，同时又吸取了西式服装立体剪裁的优势，使古老的唐装重新登上了时尚舞台。

应该承认，目前中国流行语里的唐装，其概念已经不同于以往的解释了，它的意义指向既是具体的又是模糊的。说它具体，是因为它就是指由马褂演变而来的中式短装；说它模糊，则是因为它是指一类服装，款式繁多，又富于变化，唐装主要是指中式上衣，而且是外衣。

唐装的流行可以说是一种非常有意思的现象，它不同于以往任何一种服装款式的流行路径。如改革开放初在国内很火的蝙蝠衫、喇叭裤，它们是先由一部分人穿起，然后逐渐向某一阶层或群体流动。唐装的流行几乎是在短时间之内，在不同城市同时流行起来，而且不分阶层和年龄，几乎得到最广域范围的流行。

唐装的流行，与汉服、旗袍等中式服装的再流行一样，也有其历史文化背景。2001年上海APEC会议给了唐装一个机会，使它一夜之间火了起来。经过一段时间的改革开放，国人内心渴望被外部世界认可，也渴望内部的民族认同，一旦有一种被多数人认可的民族服饰流行起来，就会有更多数的人将之接受并推崇。

唐装的款式形态，从面料、造型到图案纹样和色彩，都蕴含着深厚的民族文化内涵。中国人喜爱唐装，是和唐装具有传统形态的魅力紧密相关的。此外，唐装还具有民族符号的特征，唐装的时代是中国日益富强起来的时代，唐装也就自然被赋予了新的民族情感，自尊、自信、自豪、自强，扬眉吐气，意气风发，这种浓厚的社会心理要素，恐怕才是唐装盛行的重要原因。

唐装的典雅大方
TANGZHUANG DE DIANYA DAFANG

113

三、传统唐代服饰

唐代是中国封建社会的鼎盛时期,尤其是贞观、开元年间,政治气候宽松,人们安居乐业。唐朝的京师长安,是当时政治、经济、文化的中心,同时也是东西文化交流的中心。唐朝的绘画、雕刻、音乐、舞蹈等艺术都吸引了外来的技巧和风格。而服装更是对异国衣冠服饰的兼收并蓄,使唐朝服饰的奇葩开得更加鲜艳夺目。

唐代男子常服,作为贵族官僚和平民百姓日常穿用的服饰,款式、质料虽因贵贱贫富而有差别,但总体上表现为"圆领袍衫"和"幞头纱帽"。

圆领袍衫是在古代深衣的基础上发展而来的唐代男子的主要服装形制。它的前后身采用直裾,在领子、袖口、衣裾边缘部分都加贴边。在前后襟的下边,常各用一幅布横向拼接,腰部用革带紧束,上戴幞头,下穿长靴。圆领袍衫的衣袖分窄袖和宽袖两种,窄袖的便于活动,宽袖的则可以表现出潇洒、华贵的风度。唐代对圆领袍衫的颜色曾有规定:凡三品以上官员一律用紫色;五品以上为绯色;六品、七品为绿色;八品、九品为青色。

而幞头则是一种包头用的黑色布帛,它的形制经历过几次较大的变化。唐初是以一张罗帕裹在头上,较为低矮,后来在幞头下另加巾子,就像一个假发髻,以保证裹出固定的幞头外形。中唐以后,逐渐形成定型帽子。幞头两脚,最初像带子一样自然垂下,至颈或过肩,后来渐渐变短,弯曲朝上插入脑后成结。中唐后的幞头脚犹如硬翅而微微上翘,中间好像有丝弦而有弹性,称为硬脚。

图78　圆领袍衫、幞头纱帽

唐代服饰最值得一说的是女服。唐代是中国封建社会的极盛期，经济繁荣，文化发达，对外交往频繁，世风开放，唐代妇女所受束缚较少。在这样独特的时代环境和社会氛围下，唐代妇女服饰，以其众多的款式、艳丽的色彩、创新的装饰手法、典雅华丽的风格，成为唐代服饰文化的重要标志之一。在这种开放的社会中，唐代妇女一改过去"笑不露齿，站不依门，行不露面"的传统，在服饰上进行了一系列大胆的尝试。

唐代妇女服装可归纳为三种类型：一是窄袖衫襦、长裙，二是胡服，三是女着男装。这三种不同特点的服装，构成了盛唐女装的主流。妇女衣胡服、着男装，更是盛唐的一大特点。

唐代女子的常服，基本上是上身是衫、襦，下身束裙，肩加披帛，裙子长而多幅。唐初女子衣衫小袖窄衣，外加半臂，肩绕披帛，紧身长裙上束至胸，风格简约；盛唐时，衣裙渐宽，裙腰下移，服色艳丽；至中晚唐时，衣裙日趋宽肥，女子往往褒衣博带，宽袍大袖，色彩靡丽。

唐代女子服装最大的改革与创新就在于上衣领口的变化。当时，除了圆领、方领、斜领、直领、鸡心领外，还有袒领。袒领装是一种半袒胸的大袖衫襦，衣料为纱罗制品，时人形容为"慢束罗裙半露胸""参差羞杀白芙蓉"[1]"绮罗纤缕见肌肤"[2]等，下配以曳地长裙，充分体现了唐代女子的婀娜身姿和自然之美。

在唐朝以前的时代，女性的曲线美一直被宽衣大袍所遮掩，甚至连面部在出门的时候也要被幂篱所遮盖。幂篱本是西域人的一种服饰，其目的是遮挡路上的风沙。北朝以后传入中原，其目的除了御挡风尘之外，更主要的目的是蔽面。《旧唐书·舆服志》记："武德、贞观之时，宫人骑马者，依齐隋旧制，多著幂离。虽发自武夷，而全身障蔽，不欲途路窥之。"但是到了开元之

图79　袒领装

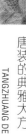

① 语出宋代诗人周濆的《逢邻女》："日高邻女笑相逢，慢束罗裙半露胸。莫向秋池照绿水，参差羞杀白芙蓉。"

② 语出五代词人欧阳炯的《浣溪沙》。

唐装的典雅大方
TANGZHUANG DE DIANYA DAFANG

初，唐玄宗下诏令："妇人服饰……帽子皆大露面，不得有遮掩。"于是妇女皆着轻便胡帽，不久妇女骑马者又不再戴胡帽。她们终于开始理直气壮地向世人抛头露面了。这是一种妇女地位提高的反映，也是妇女自信心增强的反映，同时也是以露为美的社会审美风尚的反映。

在盛唐妇女服饰中的袒领装，衣领开口特别大，不仅脖子全部裸露，而且连胸部也处于半掩的状态。这种袒领在中国两千多年封建社会的服装史中是独一无二的。这不能不让我们感叹唐人思想的开放性。

图80 回鹘装

胡装在贞观至开元年间成为唐代妇女的着装时尚。胡服的特征是翻领、窄袖和对襟，在衣服的领、袖、襟、缘等部位，一般多缀有一道宽阔的锦边。唐代妇女所着的胡服，包括西域胡人装束及中亚、南亚异国服饰，这与当时胡舞、胡乐、胡戏（杂技，也包括歌舞等）、胡服的传入有关。由于对胡舞的崇尚，民间妇女以胡服、胡帽为美，于是形成了"女为胡妇学胡妆"的风气。

有的少数民族服装传入中原后，亦深为仕女们所喜爱，如回鹘衣装。回鹘即现在维吾尔族的前身，开元年间一度强盛，曾助唐王朝平定安史叛乱。花蕊夫人《宫词》中有"回鹘衣装回鹘马"之句，反映了当时妇女喜好回鹘衣装的情况。在甘肃安西榆林窟壁画上，至今还可以看到贵族妇女穿着回鹘衣装的形象。从图像上看，这种服装略似长袍，翻领，袖子窄小，衣身宽大，下长曳地，多用红色织锦制成，在领、袖等处都镶有宽阔的织锦花边。

女着男装在中国长期封建社会中也是较为罕见的现象。封建时期女子穿男装常会被认为是不守妇道，但在唐代，女子仿制男装、穿着男装的情况相当普遍。原因之一是外来服饰的影响，原因之二是唐代宽松的思想氛围。盛唐时，士人们的妻子不

图81 女着男装的调鸟俑

约而同地穿戴起丈夫的衣衫、帽子和靴子,侍女们也纷纷仿效女主人穿起男式圆领服,头裹幞头,足蹬乌皮靴。唐代妇女并无华夷之别的观念,开元天宝年间,在长安、洛阳等大都市的街头,处处可见身着翻领、窄袖紧身胡服,腰系蹀躞带的汉族女子,体现了盛唐帝国妇女们开放、健美的精神风貌。

唐代是一个民族大融合时期,它也助成了服饰习俗的兼容格局。唐代异族相融的范围相当宽广,异族相融的氛围相当浓厚,使得民族服饰习俗真正由冲突走向融和,不同民族的服饰款型,不同的服饰观念与习俗,不同的服饰传统与心态,渐渐发生变化,彼此逐渐在渗透中互补与融合起来。这一时期,在社会的不断前行中,汉民族服饰文化不断吸纳异域文化,不断借鉴拿来,并创造性地加以运用,所谓"旧瓶装新酒",使其焕发出流光溢彩的勃勃生机。

四、敦煌壁画里的唐代服饰①

敦煌莫高窟是甘肃境内的一朵艺术奇葩,它至今保留了从十六国到元代共10个朝代的洞窟490多个,其中大量的壁画与彩塑像,成为研究我国封建社会政治、经济、文化等各方面的珍贵资料。由于敦煌壁画及彩塑像的内容丰富、形制逼真、文饰多样、色彩华丽,也成为研究我国古代衣冠服饰的珍贵形象资料。

图82　敦煌莫高窟第220窟《帝王图》

深衣袍是隋唐官史朝服的一种。第220窟《帝王图》中的帝王,戴冕旒,

---

① 这部分内容主要参考1994年出版的《段文杰敦煌石窟艺术论文集》中《敦煌壁画中的衣冠服饰》和《莫高窟唐代艺术中的服饰》两篇文章。

穿深衣,青衣朱裳,曲领,白纱中单,蔽膝,大带,大绶。衣服上有日月山川的图案纹样,大绶上画有异龙之象,这就是帝王服饰上所谓的"十二章纹",以表示帝王是万民至高无上的统御者,让百姓望而生畏。《帝王图》中的大臣,多穿曲裾单衣,方心曲领,头戴委貌冠或进贤冠,笏头履。

幞头靴袍则是吸收了胡服特点而在百官中流行的常服。第339窟、第45窟等窟中的壁画上的男子,身穿窄袖长袍,戴幞头,乌靴,革带。这种服饰到盛唐时期被"襕衫"所取代。所谓襕衫,是一种裳下摆接一横襕的男子长衫。《新唐书·车服志》里说:"中书令马周上议,《礼》无服衫之文,三代之制有深衣,请加襕、袖、褾、襈,为士人上服。"盛唐以后官吏多穿襕衫。

图83 敦煌莫高窟第130窟北壁《男供养人》

圆领短袖,是唐初新妆,与西域有密切的关系。由于中西经济文化交流的频繁,"胡舞""胡乐""胡饭""胡服"极为流行,宫廷仕女、贵族妇女模仿胡人的装扮成了一时的风气,民间也受到一定的影响。《旧唐书·舆服志》里说:"士女皆竞衣胡服。"如329窟女供养人的服饰就是典型的例证,圆领露胸,袖长至腕,长裙裹脚,这种装束借鉴了胡服的特点。

唐初女子有"蔽面"习俗,妇女外出多戴幂篱。幂篱是一种始于西域地区少数民族的蔽面之巾,通常以黑色纱罗为之,戴时上覆于顶,下垂于背,近脸面处开有小孔,以便露出眼鼻。后来改戴"拖裙至颈"的帷帽。帷帽式样为一种高顶宽檐笠帽,在帽檐一周戴上薄而透的面纱。《旧唐书·舆服志》里说："武德、贞观之时，宫人骑马者，依齐、隋旧制，多著幂篱，虽发自戎夷，而全身障蔽，不欲途路窥之，王公之家亦同此制。永徽之后，皆用帷帽，拖裙到颈，渐为浅露，寻下敕禁断。……则天之后，帷帽大行，幂篱渐息。"幂篱帷帽是障蔽风尘的远行服饰，这种服装与西北地区多风沙有关。

第103窟《化城喻品》中的骑骡马的妇女，着长袍，戴笠帽，下垂裙，前拥项下，后披肩背，仅露面部，这是从幂篱转变到帷帽的中间形式。

而妇女穿丈夫的衣冠也是唐初兴起的一种新风气。《新唐书·舆服志》里说："开元中，奴婢服襕衫，而仕女衣胡

图84　敦煌莫高窟第329窟《女供养人像》
圆领短袖

服……有衣男子之衣而靴，如奚、契丹之服。"敦煌盛唐130窟《都督夫人礼佛图》中的侍女亦着此装，盘领襕衫，腰束革带，头顶作高髻，裹着薄如蝉翼的皂罗幞头，双脚垂至肩背。

图85　幂篱帷帽

图86　敦煌莫高窟第130窟《都督夫人礼佛图》

五、改良的"新唐装"

我们现在所说的"唐装"实际上不是唐代的服装,而是由清代的马褂演变而来的。马褂本是满族人骑马时穿的服装,以此得名。清赵翼《陔馀丛考·马褂缺襟袍战裙》:"短褂,亦曰马褂,马上所服也。"它是男子穿在长袍外面的对襟短褂,后来逐渐成为日常穿用的便服。

图87　马褂

民国元年(1912),北洋政府颁布的《服制案》中将长袍马褂列为男子常礼服之一。民国十八年(1929),国民政府公布《服制条例》,正式将蓝长袍、黑马褂列为"国民礼服"。

现在我们所说的时尚"唐装"其实与传统的唐代服饰已没有什么关系了，只是借用了"唐"这一广泛为外国人所熟知的代名词，笼统概括了中国传统服装。

　　说到中国传统服装，可能很多人的头脑里会出现"长袍大袖"的形象，其实"长袍大袖"只是现代人对古装的模糊认识。传统中国人的穿着主体款式是"交领右衽，隐扣系带，褒襟广袖，峨冠博带"，这种服装形制是严格意义上汉服的形式，历经四千年的风雨变迁，自成体系，一脉相承，并深远影响了亚洲周边国家，如日本的"和服"就是典型的汉服深衣款式，而韩国的民族服装"韩服"就是借鉴了汉服中的襦裙款式。

　　新唐装看似简单实际不简单的外套和衬衣的款式之所以能够脱颖而出，最大的成功之处就在于紧紧抓住了传统服装的特征。立领、对襟及手工制作的布纽扣是其基本不变的款式。不管朝代年代如何变，服装款式如何变，中式传统服装的一些基本元素是不变的，比如，领子只有立领、无领，门襟只有对襟、斜襟，袖子只有直袖、连袖，纽扣绝大多数都是用布料制作的。这些基本不变的传统服装特征是世人有目共睹、国人念念不忘的。

　　中华文化源远流长的奥秘，在于它既保留了精粹的传统文化，同时又顺应了时代的变迁与发展。在中国经济再度腾飞的今天，唐装以其绚丽多彩的风姿，再次受到世人瞩目，令世人倾倒。

图88　新唐装

　　真正的中式传统服装的"宽衣大袖"在现代社会似乎更适合于作为礼服

穿着,适合于祭祀、成人礼等庄重场合,而在日常场合,中国人则巧妙地结合传统与现代,吸取了传统服装富有文化韵味的款式和面料,同时又吸取了西式服装立体剪裁的优势,使中式传统服装又重新登上了时尚舞台,"新唐装"因时因势进入国人视野。

当然,真正走入寻常人家的唐装已经经过一些细节的改良。如连袖设计,传统服装里的连袖是一种整体剪裁,衣服和袖子没有接缝,这种样式使服装肩部不够美观,也不能用肩垫,与西装相比缺失了挺括感。再比如腰部设计,传统服装是不收腰的,女士穿着就缺乏曲线美。同时,唐装的面料已不再局限于真丝、软缎、丝绒、织锦缎,而是广泛采用了棉、麻、化纤、莱卡、牛仔布等面料,使中装更加生活化、大众化。款式也并未照搬传统中装的式样,只是在领口、纽扣、门襟、下摆等细节处保留了民族风格。比如,在裤边裙边绣上几朵摇曳的花,在边缘处滚上边儿,还有吉祥图案、团花、汉字、流苏、盘扣等,这些都使原本平淡无奇的服装平添了几许雅致、华丽。

新式唐装之所以流行,除了它保持了中国传统服饰的款式和面料外,其具有鲜明标志的中国传统图案装饰和色彩也是它再度流行起来的因素之一。

唐装的图案体现了传统装饰的吉祥意念。一个民族的装饰特点渗透着一个民族深厚的文化底蕴,中国以团花状的图案表示吉祥的祝愿,如龙凤呈祥、龙飞凤舞、九龙戏珠等,不仅隐喻着图腾崇拜,而且抒发着"龙的传人"的情感。又如鹤鹿同春、喜鹊登梅、凤舞牡丹等图案,反映了人民对美满生活的希望。中国的唐装图案也以中国传统装饰纹样之一的团花为主。

所谓团花,就是花纹呈四周放射或旋转式纹样,可以由牡丹、梅、兰、竹、菊等花卉分别表现,也有福、禄、寿、双喜等文字图案,还有"万"字花、蝙蝠、石榴等图案。这些图案都是中国传统装饰用来象征吉祥、喜庆的符号。蝙蝠取音"福",石榴取意"多子"。最高级别的莫过于龙、凤图案了,这些历代只有帝、后专用的符号,如今已归还百姓。

另外唐装的艳丽色彩也十分醒目。我国先民对大自然观察后总结出青、红、黄、白、黑五种主要色彩。刘熙《释名》中解释:"青,生也。象物生时色也。""赤,赫也。太阳之色也。""黄,晃也。犹晃晃象日光之色也。""白,启也。如冰启时色也。""黑,晦也。如晦暝时色也。"中国古代视这五种颜色为"正色",并赋予其吉利祥瑞的意义。而现今流行的唐装也基本上是正色:以斑斓的红、蓝、黑色为主,兼有明黄、金黄、墨绿等,体现了中国传统装饰的色彩观念。

新唐装有三个基本的传统元素:最典型的中华民族文化符号、最有特色的中华民族服饰语言和代表中国最鼎盛时期的时代象征。中国现代的唐装,是一种服饰文化的代表,它巧妙地把西方现代流行元素融入东方古老的服装文化中,在中国传统服装的含蓄内敛中融入华贵的气质,引领着中国传统文化服装的潮流。但新唐装又不是完全的古典,更多的是一种精神,一种文化的苏醒,一种怀旧情绪的释放。从这个意义上说,新唐装作为一种物质制品的文化符号,更是中国人自信、自豪的表现。

新唐装是传统与现代的结合品,是吸收了中式服装传统文化韵味与西式服装立体剪裁优势基础上的创新。穿着唐装上衣,还可以配西裤、皮鞋,外面能罩风衣,里面衬高领衫……这种特质也许是唐装风云再起的文化层面以外的实用因素。因此,唐装已经走出礼仪服装、节日服装的小空间,在日常生活和工作场合也能穿着,拓宽了唐装的穿着场合。一些事业有成、生活条件比较优越的港澳台人士、归国人士,以及外籍人士是这类唐装的主要消费者。

唐装的典雅大方
TANGZHUANG DE DIANYA DAFANG

旗袍的花样风情

一、电影《花样年华》推动旗袍热

2001年,一部王家卫导演的影片《花样年华》上映,昏暗的街灯、狭窄的小巷、幽怨的音乐、孤寂的男女,构成了这部影片的主基调,看过这部影片的观众可能对故事情节没什么太深的印象,但只要提起这部电影,在他们脑海里印刻的总少不了张曼玉身穿各色旗袍的风情身影。

《花样年华》演绎的是一段旗袍下的孤独人生,20多套旗袍不仅展现了张曼玉顶级明星的风采,同时她在片中也成功展现了一个东方女性的独特魅力。在影片中,身着旗袍的张曼玉从头到尾被花团锦簇的旗袍密密实实地包裹着,王家卫通过不同花色的旗袍,给女主角赋予不同的情绪表达,使她时而忧郁,时而雍容,时而悲伤,时而大度,每一件旗袍都代表着女主角的心情。张曼玉不停地换旗袍,换不掉的是身上女人柔美成熟的气息。

一部《花样年华》,一场"旗袍秀",让张曼玉式的风情万种倾倒众生。影片中张曼玉所穿的旗袍采用各种花色布料,加上纤细合度的剪裁,令张曼玉匀称的身材显得更为玲珑有致,其美轮美奂的各种旗袍造型,把东方女性的温婉风韵体现得淋漓尽致。

张曼玉曾指出,她是用旗袍去感受女主角的内心。由于身穿旗袍,身体的活动受到影响和限制,连带说话的声音,四肢的活动,站、坐的姿态都与平时不一

图89 张曼玉演绎的花样旗袍

样。因为衣服紧得令她动弹不得，更促使她进一步感受女主角压抑而不敢表达的情感。旗袍像一把道德标尺，套在女主角的身上，没有丝毫的宽松，不容许些些的放纵与出轨。因此，银幕上的苏丽珍永远是言行谨慎、步态平稳、循规蹈矩。我们在张曼玉身上不仅体会到东方女性所蕴含的独特魅力，也体会到了那个时代的怀旧情绪。

旗袍对于穿着者的各方面要求颇高：旗袍是合身要求极高的服装，必须贴体舒适；穿上旗袍的人必须是"静"的，闲庭信步，娉娉婷婷，摇曳多姿，在不自觉中散发着一份气定神闲，散发着让人不可企及的典雅端庄，散发着一种东方女人特有的内敛性感。颔首低眉间，一笑一颦中，有点矜持，有点神秘，恰如其分地将东方女性那种凄婉、优雅、玲珑有致的美态展现得淋漓尽致。

《花样年华》引发了蕴藏在中国人心中的旗袍情结，甚至在海外带起一阵阵旗袍涟漪。探究其中的缘由，不仅因为旗袍这种传统服装在戏中被表现得很唯美，更因为旗袍具有超越历史和超越民族的独特魅力。

一部影片充当了引领时尚的角色。《花样年华》让沉寂多时的旗袍又一下子红了起来。随着电影在内地各大城市上映，许多地方刮起了阵阵旗袍风。许多女士看过《花样年华》之后，便迫不及待地拿着张曼玉的剧照来定做旗袍，并且要求必须与张曼玉身上穿的旗袍一模一样。服装店也赶抓商机，把《花样年华》的剧照当作招徕顾客的广告张贴在橱窗上。《花样年华》不仅在内地引发了人们的旗袍情结，在其他地区与国家也引起了阵阵旗袍热。台湾将电影中的旗袍搬到海岛特意开办了一场展览；当电影在英国上映时，英国人举办了多场旗袍展；欧洲甚至出现了一批"曼玉旗袍迷"。看来，旗袍的确是具有超越历史和超越民族的独特魅力，正因为如此，《花样年华》才能引发蕴藏在中国人心中的旗袍情结，也才能在海外带起一阵阵旗袍涟漪。

二、何谓旗袍

《辞海》中对"旗袍"一词定义为："旗袍原是清满洲旗人妇女所穿的一种服装，辛亥革命后，汉族妇女也普遍采用。经过不断改进，一般式样为直领，右开大襟，紧腰身，衣长至膝下，两侧开衩，并有长、短袖之分。"

维基百科中是这样解释的："旗袍，通常指一类当代中国的女性礼服式样。旗袍起源于满族服装。20世纪上半叶有过大幅度改进，成为民国时期中国都市女性主要时装。传统的男式旗人之袍现在一般称长袍、大褂、长

衫,英文里的Cheongsam虽然是满族男装'长衫'的音译,但在实际应用上仅指女装旗袍。"

旗袍原本是满族人的服装,是带着满族女性美学、权力欲与妩媚流转而来的。

20世纪20年代初期,旗袍的样式尚与清朝末期没有多大区别,袍子宽大,腰平直,束身,裹腿,裙长至足,多重镶滚。但时隔不久,宽大的袖口便逐渐缩小,宽阔的绲边也变窄了。随着短袄与长裙合并,中国出现了第一代改良的旗袍,典雅而又文静,被称之为"学生式"。在此基础上,出现了一种民国新旗袍的最初款式,将短袄和马甲合二为一。之后,在欧美服饰的影响下,旗袍发生了日新月异的变化,变得越来越合体,收腰,裙长至膝上一寸,袖口缩小,越来越突出女性身体的曲线美了。

20世纪30年代,旗袍进入鼎盛时期,式样更加纷繁,旗袍长度下垂,袖缩至肘,领处两粒纽,双宽绲边,低衩。后来又流行大衩旗袍,衩高过膝甚至及臀,腰身变得极窄。当时时髦的海派旗袍高领低摆,开衩至膝,袍身紧窄修长而无袖。

20世纪40年代起旗袍样式变化趋于简洁、轻便,并且越来越多地糅进了西方服饰的风格,非常注重超曲线美,强调腰和胸要刻意配合身材,以凸显女性窈窕多姿的身形。

旗袍的样式很多,开襟有如意襟、琵琶襟、斜襟、双襟;领有高领、低领、无领;袖口有长袖、短袖、无袖;开衩有高开衩、低开衩;还有长旗袍、短旗袍、夹旗袍、单旗袍等。旗袍款式的变化主要是袖式和长短的变化。

从地域上来划分,可以把旗袍分为京派旗袍、海派旗袍和港派旗袍三类。

所谓京派旗袍,主要是指沿袭旧制而形成的旗袍风格,特点是朴拙,旗袍款型类似于过去的样式,通常是平直宽肥,有大襟,面料以传统的绸缎为主,偏厚重。清兵入关之后,驻防北京地区的八旗军将士们都带家属,旗下妇女所穿的民族服装,也就被叫作旗袍。旗袍最初是一种很宽松的长袍,既防寒保暖,又便于骑马或劳动。当时满族妇女与汉族妇女最大的区别,一是不缠足,二是不穿裙子穿旗袍。

慈禧终生都穿旗袍。看慈禧太后的老照片,可以对清代的旗袍有较直观的印象。

辛亥革命后,旗人妇女穿的旗袍却悄悄地在北京市民中流行起来了。

很快地旗袍从北京流传出去,从20世纪20年代开始,妇女穿旗袍已风靡全国,不仅各大城市妇女穿裙子的少了,都穿上了旗袍,连乡村妇女也穿上旗袍了。

当时北平的知识女性通常穿着丹士林布料的单色旗袍,再加上雪白的毛线围巾、轻便的黑布鞋。她们使旗袍变得朴素了,也变得更有思想了。新月派女诗人林徽因的穿着就是典型代表。

图90　慈禧太后画像　　　　　　　图91　林徽因

所谓海派旗袍,则是我们更为熟知的一种旗袍风格。旗袍曾是老北京的特色,但它在上海却大出风头,经过上海时髦女郎极具匠心的修改,旗袍的风格既保留了国粹,又显得洋味十足。成形于20世纪20、30年代的海派旗袍适应了当时上海开埠的社会大环境,对传统样式和西式服装兼收并蓄,当时不仅把西式外套、大衣、绒线衫穿在旗袍外,更采用洋装中的翻领、V形领、荷叶领,袖型也有荷叶袖、开衩袖等。到后来还出现改良旗袍,结构更趋西化,一反传统地有了胸省、腰省和装袖、肩峰,甚至加入垫肩等以追求完美的身形。旗袍面料由于纺织品的大量进口而极为丰富,从各类绸缎到棉布、呢类、纱罗,不一而足。另外旗袍的轮廓也修长紧身,适应了南方女性消瘦苗条的身材特征。海派旗袍在20世纪30年代达到辉煌顶峰,在当时的上海始终扮演着流行的主角,风靡于上海滩的街巷弄堂。

上海人创造的海派旗袍,把中国旗袍推上了登峰造极的境地,并且从上海风靡全国,成为当时的旗袍主流。那时北方城市的女士喜欢穿浅色士林蓝布旗袍,再披挂上粗粗的毛衣、夹袄、长围巾,很有些书卷气。上海的女人虽也穿士林蓝布旗袍,但更喜欢桃红柳绿的绫罗绸缎和碎花细格布,在服装

旗袍的花样风情

QIPAO DE HUAYANG FENGQING

127

搭配上也讲究中西合璧:西式外套、裘皮大衣、长呢大衣,再配之以波浪长发和高跟鞋,成为当时最时髦的打扮。旗袍通过电影包装出一代大红大紫的明星,《天涯歌女》中的周璇身着旗袍,将当时上海少女的韵味演绎得出神入化。

而电影明星胡蝶则引领了一代旗袍风潮。胡蝶喜欢穿短旗袍,但又不便贸然行事,她动脑筋在短旗袍的下摆上缀上三四寸长的蝴蝶褶衣边,短袖口上也相应缀上这种蝴蝶褶。而旗袍的长度缩短到膝盖下,袖子也缩短到肘上,整个小腿和小臂就袒露无余。因为"蝴蝶"与"胡蝶"谐音,胡蝶穿的这身旗袍,被时人称为"胡蝶旗袍"。

图92 《天涯歌女》里的周璇

此时,正是女权运动兴起的时期。女性走出家庭,走向社会,她们竞相身着旗袍,从遮掩身体的曲线到显现玲珑突兀的女性美,让看惯了旗人旗袍、汉人对襟衫和袄裙的中国人,顿时眼前一亮。很快,旗袍成为最具民国范儿的女性服饰,上至贵族、官场职业女性,下至平民家庭妇女,从十来岁的小女孩到七八十岁的老奶奶,都可穿着,成为当时女性独具民族特色的"国服"。而旗袍,也超脱了一般意义的服装而成为一种象征、一种经典。

还有一类旗袍被称为港派旗袍。1949年以后,随着战后以上海为代表的内地移民南迁入港,海派旗袍在香港得到了广泛的响应。从形式上来讲,港派旗袍紧身合体,三围曲线更明显,而肩部线条较圆,臀部和胸部造型有些夸张。从侧面看三围之间的过渡凹凸明显,而不似传统旗袍那样流畅和自然。性感的超短旗袍成为港派旗袍的典型之作。这种旗袍的长度短而开衩高,三围差夸张,在这种旗袍的装扮之下,中国女性的腰部空前的细,而胸部和臀部出现了从未有过的圆润和丰满。

图93　1960年香港湾仔穿旗袍的女子

　　上了年纪的中国妇女差不多都穿过旗袍。旗袍是我国特有的传统女装,富有浓郁的民族风味。旗袍的设计构思巧妙,结构严谨,线条简练而优美,造型质朴而大方,整件旗袍从上到下由整块衣料剪成,任何部位衣料不重叠,没有不必要的装饰,能充分表现女性人体曲线的自然美。旗袍紧扣的高领,使人感到雅致、庄重,束紧的腰部,在身上合体服帖,两旁下摆开衩,不仅行动方便,而且在行走时给人以轻快、活泼的感觉。

　　旗袍与中国女子的身材、皮肤、相貌、气质最为匹配,看上去浑然天成,有着一种水乳交融的完美感,将中国女性那种玲珑有致的身材和端庄典雅的气质,衬托得百媚千娇、美轮美奂。

　　现在喜欢旗袍的人已越来越多。青年人将款式稍做改良,可当作美丽时髦的礼服,中年人将旗袍或是中式服装,作为会客的工作服,合身的旗袍,比穿什么衣服都舒服得多。许多外国华人,甚至是外国人也专门定做旗袍,看来,旗袍已不只是属于我国的传统民族服装,它已走向世界,慢慢地征服每一个人的心。

旗袍的花样风情

QIPAO DE HUAYANG FENGQING

三、旗袍样式的发展变化

旗袍,是源于16世纪中期的满族妇女的民族服装。关于旗袍,满族民间流传着这样一个美丽的故事。传说从前镜泊湖畔有个满族渔家姑娘,因为长得脸黑俊俏,心灵手巧,人们都叫她"黑妞儿"。她觉得穿着古代传下来的肥大衣裙,打鱼不方便,就自己剪裁了一种连衣带裙多扣襻的长衫,既省布合体,又劳动方便。后来,她被选进宫中封为"黑娘娘",因过不惯宫廷生活,穿不惯又肥又大的山河地理裙,就穿起从前自己剪裁的多扣襻长衫。皇上认为她擅自改变宫廷服饰有罪,就把她赶出宫,并一脚踢中她后心而将她踢死。关东满人听到黑娘娘死的消息,大哭了三天,还穿起她剪裁的那种长袍来纪念她。后来,在旗的妇女认为方便,穿的人多了,就叫它为"旗袍"。

不过,这仅仅是民间传说。这种满族的民族服饰旗袍由原始的宽腰身直筒式逐渐改变为现代汉旗妇女喜爱的线条流畅、贴身合体的流线型旗袍,确实经历了漫长的演变。

清太祖努尔哈赤起兵之后,建立了八旗制度,到1911年清朝结束,共存在了近三百年。在这个过程中,八旗中的满族人、蒙古族人和汉人在社会生活、思想文化各方面逐渐融为一体,"旗人"也成为他们共同的称呼。由于满族是八旗的核心,凡是旗人不分民族皆穿戴满族服装,所以旗袍实际上是来源于满族的传统服装。事实上在清代,满族男女皆穿袍,不过只有八旗妇女日常所穿的长袍才与以后的旗袍有血缘关系。

图94　清初彩绣旗袍(内蒙古白音尔灯清荣宪公主墓出土)

旗女所穿的旗袍宽大平直,并不太讲究腰身的曲线,内着长裤,在开衩处可见绣花的裤脚。早期为适应东北地区的气候条件,面料以厚重织锦或其他提花织物居多,装饰烦琐。入关以前,满人袍服的基本形制为:圆领、马蹄袖、窄袖身、束腰、捻襟、上带扣襻、下有开气。在东北寒冷山林中生活的满人,以骑射狩猎为生,独特的袍服正是适应了其独特的生活方式。

最早,旗人穿的旗袍一般不过脚。只有满族妇女出嫁时,才穿过脚的旗袍,作为出嫁礼服。后来,由于满族贵族妇女都穿高跟木屐,因此,她们的旗袍过脚,以便将脚盖住。

清世祖入关,迁都北京,旗袍开始在中原流行。后来,随着满汉生活的融合统一,旗袍也被汉族妇女接受。旗袍开始使用各种绸、缎、丝、绫、纱等面料。这个时期的女式旗袍基本形制与男式旗袍相近,只不过衣身较紧,适合女性身材,图案、绣工也更为丰富。

清初旗装袍多为圆领(无领)、右衽、带扣襻、两腋部位收缩、下摆宽大、两面或者四面开衩、窄袖、袖端呈马蹄状,有时颈间围一条白色领巾。至清代中期,除了圆领之外,又有了狭窄的立领,袍袖也较以前的宽大,这个时候下摆垂至地面。清朝后期,旗女所穿的长袍,衣身宽博,造型线条平直硬朗,衣长至脚踝。"元宝领"用得十分普遍,领高盖住腮碰到耳,袍身上多绣以各色花纹,领、袖、襟、裾都有多重宽阔的绲边。

图95　彩绣阔镶边旗袍——清末满族妇女服装样式

清末西方生活方式渐渐渗入,服饰也有尚西从简之势,如礼服简化、袖口去掉马蹄式等,但另一方面,清末奢侈之风大起,旗装袍之边饰尤其繁复

旗袍的花样风情
QIPAO DE HUAYANG FENGQING

131

多样，并形成一种时尚。

1911年爆发的辛亥革命推翻了近三百年的清王朝。从此中国自上而下地开始接受西式服装与穿着习惯，摈弃了传统苛刻的礼教和服制上的等级规范，服装走向平民化。旧式的旗女长袍被丢弃，新式旗袍在乱世装扮中开始酝酿。

清末旗女之袍与民国旗袍的主要差别有三点：首先，旗女之袍宽大平直，不显露形体；民国旗袍开省收腰，表现体态或女性曲线。其次，旗女之袍内着长裤，在开衩处可见绣花的裤脚；民国旗袍内着内裤和丝袜，开衩处露腿。最后，旗女之袍面料以厚重织锦或其他提花织物居多，装饰烦琐；民国旗袍面料较轻薄，印花织物增多，装饰亦较简约。

正是这三点差别，使旗袍发生了质的变化——从传统的袍服变成可与西方裙服相类比的新品种。袍服是外套，是强调功能的服装种类，它用于防寒、遮体和表示身份等，其审美意味是传统的含蓄。而现代裙装则由含蓄的、理想化的、局部的表现，变为暴露的、性感的和全身的表现。就现代裙装所要凸显的女性体态细微变化的表现而言，民国旗袍是无与伦比的。

"改良旗袍"被改动的地方主要有两处。第一是结构，腰身由直到曲，有时甚至还有"省道"，衣袖从有到无，即使有也完全仿照西式；第二是装饰，由繁到简，印花布用于旗袍的同时就使刺绣失去了存在的必要，领、襟、摆的镶绲也由宽变窄。

最早出现的民国旗袍，据说是由一批上海的女学生所穿，她们在旗袍原有的基础上，用蓝布制作成宽松的款式，衣长至脚面，与清末的旗袍相仿，但抛弃了烦琐的装饰，其特点是腰身宽松、袖口宽大、长度较长。

说到旗袍的历史，还有一个时间节点非常重要，那就是1929年。这个时候北伐战争已经结束，国民政府已经成立。1929年的4月16日，国民政府首次颁布了一个《服制条例》，这个条例正式确定了旗袍的国服地位，第一次把它写进典章。以前汉族妇女穿旗袍完全是一种自愿的行为，但是从1929年的4月16日以后就有一个严格的规定，旗袍被定为一种正装，在重要的庆典、节庆、礼仪性场合，中国女性必须穿着旗袍。比方说，女学生在升国旗的时候，在开学典礼、毕业典礼等重要场合，都必须穿旗袍。

图96　民国旗袍

20世纪30年代旗袍重又在上海登上舞台,并作为女性的流行服饰大行其道。这时的上海商埠开放,十里洋场奢靡繁华,开放的社会气候大环境也在服饰装扮上有所体现。作为海派文化的重要代表,海派旗袍便成了30年代旗袍的主流了。

旗袍刚在上海出现时,袍身宽松,袖口宽大,袍长至脚面,四周做绲边。有时,摩登女子在上袄外罩一件无袖的马甲,和旗袍一样长,这就是后来流行的旗袍前身。马甲式旗袍一经出现,迅速风靡全国。之后,敢于领服饰之先的上海时髦女性又不断将旗袍进行改良,旗袍的下摆逐渐收敛,腰身及袖口相应缩小,长度缩短至小腿;30年代中期,领口增高,可装三个纽襻,长度又加长,四周的绲边变窄。为便于行走,下端衩高至大腿,合身的裁剪,充分显示了女性的曲线美,尤其使隆胸丰臀的女子更加显得婀娜多姿。

而上海上流社会名门闺秀追赶时髦、享受奢华的生活,在中国历史上是空前绝后的。她们崇尚西化的生活,游泳、

旗袍的花样风情

QIPAO DE HUAYANG FENGQING

图97　马甲式旗袍

骑马、跳舞、打高尔夫球，样样都学，这也就要求服装更美观合体，加上20世纪30年代欧美流行收腰，嫁接在旗袍上，使旗袍变得更修长而紧身，并有高衩，符合当时精致玲珑、开放活泼的理想形象。

20世纪30年代海派旗袍的款式有两个特点：中西合璧，变化多端。当时爱美的女性旗袍穿着方法是多种多样的，有局部西化，也有在旗袍外搭配西式外套。局部西化是指领和袖采用西式服装做法，如西式翻领、荷叶袖、开衩袖，还有下摆缀荷叶边，或缀不对称蕾丝等夸张的样子。但大多数人还是喜欢将旗袍和西式服装搭配起来穿，比如在旗袍外穿西式外套、裘皮大衣、绒线衫、背心等，在脖子上系围巾，或戴上珍珠项链，显得大方而别致。

当时修长而收腰的旗袍配上烫发、透明丝袜、高跟皮鞋、项链、耳环、手表、皮包，都是最时尚的装扮，女性角色的扮演得到了充分的强调。后来，还出现一种改良旗袍，就是在剪裁中加入很多西式剪裁方法，从而使旗袍更合体、更实用。

30年代以后，旗袍的变化越来越多。大量的西方服装元素进来，大量的西方面料被采纳。很多服装设计师从西方的服装中吸取了养分，吸取了灵感，对服装进行了改良。我们从传世实物上可看到旗袍的变化，有的做得非常精致，用的面料非常高贵，有些面料和巴黎的时装、晚礼服的面料是一致的，甚至在流行时间上也只相差一个多月。那时常常是巴黎出现一种面料，也许一个月以后就在上海出现了。旗袍的制作变化也很大，越来越显露出东方女性特有的身材特点。

20世纪30年代至50年代是旗袍的全盛时期，不论地域特征，也不分年龄大小，全民皆着旗袍。修长而收腰的旗袍配上烫发、透明丝袜、高跟皮鞋，还有手表和皮包，构成了那个年代最时尚的装扮。

清代旗服的特点就是宽袖、没有腰身、注重刺绣，"那个时期的妇女不劳作，衣服的实用性不强"。而随着西方礼俗东渐，上海作为受西方文化影响较深的城市，这种变化首先反映在服装上。20世纪30年代，传统旗服吸取了西服显人体曲线、实用的特点，几经变化，形成了紧腰身、紧袖口、有领口、衣襟开衩等特点的衣服。这一改变使旗袍日趋实用、轻便，不只出席典礼晚宴，做工时都可以穿。

1949年以后，尤其是60、70年代，中国在文化、社会等多方面经历了灾难性的重创，旗袍几乎在中国内地销声匿迹。而这一时期，在香港出现一种港式旗袍，与海派旗袍相比，其开放程度更甚。时代转变，当旗袍在内地几近销声匿迹时，它在香港依旧以不同的面貌出现，在不同的领域都持续存在。有趣的是，香港的选美是保存及传扬旗袍文化的一个重要途径。自1973年起每年一度的香港小姐选举，参赛者穿着旗袍的环节通过电视传播而深入人心。当香港代表前往境外参加国际性选美时，亦多以旗袍为民族服装。而香港女性在日常生活中也经常以旗袍形象示人，过膝的开衩旗袍，腰身紧绷贴体，风姿绰约，引人遐想。

20世纪80年代中国内地改革开放，服装业在紧跟国际潮流的时候，提出了"时装民族化"的倡议，许多国内设计师开始使用旗袍经典元素进行时装设计，比如立领、斜襟、绲边等。这时，旗袍的价值更在于它的文化象征意义，人们带着怀旧的心情重新审视旗袍，并有意识地在一些场合大力提倡。

随着电影《花样年华》的热映，张曼玉在影片中不断变换的20多件旗袍重又激起国人的怀旧情怀，在服装业界、商界、传媒界等的集体操作和鼓励下，旗袍重现江湖，在中国大地上遍地开花：一些都市白领大胆尝鲜，穿着新潮的旗袍出入社交场合；中国婚宴上的新娘们不仅穿西式的白色婚纱，更是把红色旗袍作为必选婚服；穿梭于公共场合商业推广活动上的礼仪小姐们也常常是以一身旗袍亮相吸引眼球。

旗袍为什么经久不衰，能够一直延续到现在？因为它特有的魅力吸引着大家。东方女性的身材和西方女性的身材不一样，思维方式也不一样。近现代西方女性穿衣服喜欢暴露，追求的是一种性感，尤其是像地中海、欧洲一带，而且衣服上有很多的棱角。但

是东方女性含蓄、柔美，身材与西方女性不一样。西方女性的肩膀比较宽，臀部比较宽大，而且后翘。东方女性削肩、平胸、细腰、圆臀的较多，这种身材穿着旗袍恰好显示出了她们特有的魅力。

旗袍是东方女性的特权。东方女性穿旗袍的独特魅力不是来自于自身的优越，反而是来自于自身的缺憾。东方女性腰长、臀位较低，旗袍突出的是人体的中段腰和臀的曲线，所以腰长穿旗袍反而有韵致。只要一穿旗袍，什么是东方，什么是女人，大概一眼就能看见要害。

另外旗袍在搭配上也和别的服装不一样。当时宋美龄穿着旗袍走在国际舞

图98　旗袍

135

台上,在美国国会进行演讲,将旗袍和西方裘皮大衣搭配,或和西装搭配,日常还与毛线衣搭配,非常灵活。中国服装经过了几千年的发展演变,可以说没有一件衣服像旗袍这样拥有魅力,一直延续到今天。

但毋庸讳言,十几年来,"旗袍热"的兴起只停留在时尚概念里,大量而频繁出现的旗袍身影只出现在各种报纸杂志,尤其是新出版的时装和生活类杂志中,旗袍并没有成为中国女性的日常穿着,现实生活中的女性对旗袍持欣赏的态度,却并没有想到要穿在自己的身上。其中的原因有很多。

无论怎样,在中外时尚达人眼中,旗袍仍是中国符号的另一种表达,以至于欧美日韩的一些明星也曾穿着旗袍出席时尚活动。

四、旗袍下不同风韵的中国女人

对于女人来说,服饰是一种语言。女人通过服饰,传递一种生活态度、精神品格、审美修养,甚至情绪好恶。不同的女人,即使穿着同一种服装,也会有不同的表现。

论起爱穿旗袍的女人,文坛奇女子张爱玲是数得着的头一个。

20世纪40年代,张爱玲穿着"丝质碎花旗袍,色泽淡雅"地带着她那敏感于常人的色彩、节奏和情绪登上文坛。

张爱玲的穿着打扮一直标新立异,当时就为人所熟知。最富戏剧性的文字记载,莫过于与她并称为"四大女作家"之一的潘柳黛《记张爱玲》中所写的:张爱玲喜欢奇装异服,旗袍外边罩件短袄,就是她发明的奇装异服之一。这个当时被称为"那个爱奇装炫人的张爱玲",就是喜欢穿着翻老箱子翻出来的清末服装,配一个典型的西洋发型,不怕人地到处走……

1950年7月,上海召开第一次文代会,与会者都是男着中山装,女着列宁装,唯独坐在后排的张爱玲,穿着一件深灰色旗袍,在一片黑灰色中显得特立独行。

张爱玲为什么那么爱穿旗袍? 也许我们可以从她的生活环境中窥探一二。张爱玲曾生活在两种截然不同的家庭中:一边是父亲的遗少家,那里弥漫着鸦片烟、颓废和一点点死气;一边是母亲的开明家,那里有钢琴、油画和西洋礼仪。因此,张爱玲身上糅合了两边的气质,穿旗袍时会搭上前清夹袄,甚至前清样式的绣花袄裤。母亲教她油画,使她对旗袍的色彩相当敏感。清刺绣喜好冷暖对比和明艳色系,因此那时的旗袍色彩对比大胆,常用不同色系的蓝对比不同色系的红,无比艳丽华贵。张爱玲喜好清朝时对比鲜明的色彩风格。定居美国后,在很多场合,张爱玲仍是一身旗袍打扮,不过已不及当年那般惊世骇俗。据说,她死前最后一件衣裳是一件磨破衣领的赫红色旗袍,像极了她曾经绚烂一时而后却平和闲淡的一生。

另外值得一说的是宋氏三姐妹了。宋氏三姐妹是一个传奇,这一母所生的姐妹三人,无论性格、气质、为人处事,还是人生追求,都有着很大不同。当然,宋氏三姐妹也有一些相通之处,尤其是在着装上,她们三人都秉持着一个共同的取向,那就是偏爱旗袍。抗战期间,当三姐妹一起出现在公众场合时,往往是每人一袭旗袍,表面上显得颇为默契。她们对旗袍的喜爱也都一直延续到晚年。

宋庆龄因为嫁给了孙中山,也因为她爱国爱民,成为万民景仰的"国母"。宋庆龄在一些重要场合都是身穿旗袍,不仅体现出东方女性的美丽,更将旗袍升华成了中国的国服。旗袍是宋庆龄最喜欢的服装之一,她的旗袍从色泽到款式都以素雅为主,但选料和做工极为精良。宋庆龄的旗袍一个显著的特点就是素雅,以深色调为主。

宋庆龄不仅自己爱穿旗袍,抗战时期,她曾将旗袍作为国粹送给了斯诺夫人海伦·斯诺。海伦·斯诺的好友玻莉穿着这件旗袍,在美国为中国抗战到处演讲募捐筹款。海伦·斯诺临终前有个心愿,要把这件中国旗袍完璧归赵。1998年这件漂泊了六十年的旗袍终于回到宋庆龄故居。

而宋美龄喜欢旗袍的原因在于旗袍最能凸显东方女性的魅力,加上她自己拥有的窈窕身材,配以旗袍更能展示她的身姿。此外,也与她热爱中国传统文化有关。她爱国画,曾拜张大千、黄宾虹等泰斗为师,耳濡目染加上勤学苦练,居然成为一位国画高手,国画中仕女的穿着接近于旗袍。正是受这个传统文化影响过重,宋美龄从不穿暴露的服饰,甚至也反对女性穿长裤。她认为女性应该有与男性截然不同的服饰特点,所以在她漫长的一生中,几乎没有穿长裤的画面。即使在她步入百岁之龄,依然与旗袍为伴。

五、对旗袍的误读

旗袍被公认是最能体现女性曲线美的一种服装。近十几年来,时装领域中重新出现旗袍的身影,旗袍以及旗袍元素的服装在国际时装界也频频亮相,风姿绰约有胜当年,并被作为一种有民族代表意义的正式礼服出现在各种国际社交礼仪场合。

旗袍是中国妇女的传统服装,它既有沧桑变幻的往昔,更拥有焕然一新的现在。旗袍经历百年的发展变化,在款型样式上已有所变化,发展到了现在,旗袍中不少地方仍保持了传统韵味,同时又兼具体现时尚之美,所以有越来越多的爱美女性对此青睐有加。

整个20世纪80年代，一直有人预测旗袍将会流行，尤其是80、90年代，女性的理想形象又有所改变，高挑细长、平肩窄臀的身材为人们所向往，作为最能体现这种完美身材的旗袍有了生存和发展的空间。按照一般时装的发展逻辑，当年大受青睐的旗袍会再次回到人们的生活当中。但出人意料的是，旗袍并未再度流行，而是只有少数人在穿……

可能有几个因素导致人们对旗袍既爱且怕。

在20世纪80、90年代出现了一种具有职业象征意义的"制服旗袍"。为了宣传和促销等目的，礼仪小姐、迎宾小姐以及娱乐场合和宾馆餐厅的女性服务员都穿起了旗袍。这些人把旗袍当制服穿，而不是时装。看看那些服务小姐的旗袍制服的样子：一色的化纤或尼龙面料，大红大绿，表面上已经磨起了球，开衩快要开到了臀部，腰部皱皱巴巴。旗袍本要依据每个人的身材量体裁衣，但这种制服旗袍千篇一律，不同身材的人穿同一种款式的旗袍，且做工粗糙，这实在有损旗袍在人们心目中的美好形象。人们为了区别自己的身份，更不敢贸然穿旗袍了……

有这样一个故事，一位有重要身份的瑞典女士来华访问，下榻在北京一家豪华的大酒店。酒店以贵宾VIP的规格隆重接待：总经理在酒店门口亲自迎候，从大堂入口处到电梯口到楼层走廊，都有漂亮的服务小姐夹道迎候问好，贵宾入住的豪华套房里摆放着鲜花水果。瑞典女士十分满意。陪同的总经理见女士兴致很高，为了表达酒店对她的心意，主动提出送她一件中国旗袍，她欣然同意。随即酒店裁缝给她量了尺寸。几天后，总经理将赶制好的鲜艳、漂亮的丝绸旗袍送来时，不料这位西方女士却面露愠色，勉强收下。后来离店时却把这件珍贵的旗袍当垃圾扔在酒店客房的角落里。总经理大惑不解，经多方打听，好不容易才了解到，原来，那位瑞典女士在酒店餐厅里看到服务员也都穿着旗袍，而在王府井却无一人穿旗袍，误认为那是侍女特有的服装款式。主人赠送旗袍，是对自己的不尊，故生怒气，将旗袍丢弃一边。总经理听说后懊悔不已，没想到这么一个"高明"的点子却"赔了旗袍丢了客"。

中国传统服饰一贯给人保守的印象，但当改良旗袍出现在国际时装秀场上时，高开衩的款式让国人愕然。旗袍是这样开衩露大腿的吗？其实旗袍开衩是源于满族男女骑马狩猎的习惯。为了方便骑马，就在女子的旗袍下开了个衩。到民国时期，旗袍开衩的风气款式并未改变，但却是为了突出女性婀娜的线条，作为一种审美需求而开衩。这样看来，开衩只是旗袍众多

138

特征中的一个,并不是唯一的,也不是必要的。如果说迷你裙是暴露的美学,那么旗袍应该是含蓄的美学。旗袍也最适合东方女人含蓄内敛的审美心理。过度夸张的旗袍的高开衩,抹杀旗袍天然的含蓄美,硬把它往性感上靠,是旗袍改良过程中的极大败笔。

另外,好的旗袍是要专门定制的,右衽大襟的开襟或半开襟形式,立领盘纽、摆侧开衩,单片衣料、衣身连袖的平面裁剪,使穿旗袍的人不能干粗活,出门最好是有小车,因为它的每一个地方都是计算好了,没有余地,走路时步子也不能迈得太大。这些限制并不适合大多数职业女性。

好在,我们还能在影视剧里一睹旗袍的芳容,既弥补了缺憾,又弘扬了国粹。

旗袍的花样风情
QIPAO DE HUAYANG FENGQING

中山装的国人情怀

一、中山装：一个时代的文化符号

2009年10月1日，中华人民共和国成立60周年阅兵典礼上，胡锦涛主席以一身深灰色中山装亮相，与其他领导人的西装革履形成鲜明对比。在当时的媒体报道中，尤其是国外媒体上，除了盛大的阅兵式以外，胡锦涛主席的衣着也受到了广泛关注。有人把这一服饰理解为"政治图腾"。胡锦涛是中央军委主席，却首度放弃军装而改穿中山装主持阅兵大典，既有革新又有不失传承的意味，可说用意深远。

胡锦涛主席穿中山装检阅部队，特别是在国庆节的时候，代表的意思就是传承：继承建国领袖们的事业，穿一样的制服。有资料显示，除了1949年毛泽东穿军大衣外，其余12次国庆大阅兵中，毛泽东、邓小平、江泽民均身着中山装出席。这次阅兵胡锦涛选用了深灰色，这与以往阅兵领导人的服装着色一脉相承。1984年、1999年国庆阅兵时，邓小平、江泽民所穿中山装均为深色。

中山装是由孙中山提倡而得名的。中山装是在广泛吸收欧美服饰优点的基础上形成的，是综合了西式服装与中式服装的特点，设计出的一种直翻领、有袋盖的四贴袋服装。在20世纪60、70年代，中山装大为流行，成为中国男子喜欢的标准服装。中山装做工比较讲究，色彩很丰富。20世纪80年代以后，西装和时装开始流行，中山装逐步被人抛弃。

但是由于中山装一直是我国政治领袖的正装，使其具有了深厚的思想和政治含义。中国许多政治领袖如毛泽东、周恩来、邓小平都经常穿着中山装。尤其是毛泽东经常在公开场合穿中山装，这种以中山装的款式造型为基础，按照毛泽东的体型、神态和身份专门设计的服装，西方人还称其为"毛装"（Mao suit）。

也许正因为如此，在西方人眼里的中山装就具有了别样的符号意义。

1987年1月16日中央电视台播音员在新闻联播节目中播报胡耀邦辞去中共

中央总书记消息时,没有穿平时的西装,而是穿了一件中山装。外国通讯社在报道这一消息时,将服装的变化看作是中国可能改变"开放"政策的暗示。直到第二天播音员重又穿上西装,这一猜测才被打消。其实,这位播音员只是碰巧在那天一时来不及用自己的服装,临时向别人借了件中山装而已,并无表达特殊意义的想法。一件衣服竟然会造成国际政治影响,大概是这位播音员始料不及的。

但无论如何,中山装作为中国人一度推崇的常式礼服,它在国人的记忆中是崇高而神圣的,同时它也承载着一种文化、一种礼仪、一份民族自尊和自豪感。

二、中山装的由来

中山装的出现是中国服装史上的一大创举,更是一次影响深远的服饰改革。

清朝时期,中国男子都是按照满族的式样穿衣戴帽,到20世纪初,中国虽然已步入了近代史的征途,但传统服装仍保持着一定的稳定性,仍沿用传统的长袍、马褂、瓜皮帽等式样。光绪二十六年(1900)之后不久,传统服饰开始受到外国服饰的影响,出现了一些改变,但基本式样仍保持着原有的状态。1911年辛亥革命爆发,不仅带来了社会的剧变,而且也促使服装出现了根本性的变革,中山装就是在这一变革中诞生的,象征着清王朝的彻底崩溃和一个时代的终结。

革命先行者孙中山先生在从事推翻千百年帝制的革命事业的同时,深感中国传统服装在实用上的弊端,原来的服装对襟式短衫褂、大襟式长衫等,既不能充分表现当时中国人民奋发向上的时代精神,又样式烦琐,穿着不便,不能很好地适应当时中国人民在生活、工作等方面的实用要求。中国的大老爷们一身长袍穿了几千年,成了封建束缚的象征。所以孙中山提出要"涤旧染之污,作新国之民"。但到底穿哪种式样才合适呢?

孙中山还就此广泛征求意见与展开讨论。争论中有的人主张仍穿长袍马褂,遭到大部分人的反对。因为,革命既已成功,在服饰上如仍沿袭清政府统治时期流行的瓜皮帽、长袍马褂是不合时代潮流的。孙中山认为长袍马褂既不方便生活,又因剪裁费料而很不经济,也不赞成穿这种服装。于是留洋的革命党人中有人提出干脆穿西服,孙中山听后哈哈大笑说:这么一来,那就无疑是抵制国货了!

对中山装的来源,大约有三种说法。一种说法是,来源于南洋华侨的

"企领文装"。据说1912年孙中山到越南河内筹组兴中会,偶入河内由越南华侨广东人黄隆生开设的洋服店,为了节省外汇,并能体现中国国情而授意黄隆生设计一种美观、简易而又实用的中国服装,黄隆生参考了西欧和日本服装式样,并结合当时南洋华侨中流行的"企领文装"上衣和学生装而设计缝制成。

另有一种说法是,中山装原由当时的陆军军装改制而成。1919年,孙中山先生在上海居住时,有一次,他将一套已经穿过的陆军制服拿到著名的亨利服装店请裁缝改成便装。这套便装在保留军服某些式样的基础上,吸取了中式服装和西装的优点,显得精练、简便、大方。由于孙中山先生的提倡以及他的名望,这种便装式样很快流传,经过不断修改,发展成中山装,并成为中国男子普遍穿用的服装。

以上两种说法似乎有意不提日本服制对中山装的影响。老实说最像中山装的是日本校服及陆军士官服。根据维基百科上的解释,"中山装最早可以追溯到19世纪末20世纪初美菲战争以及美西战争的美国军队军服。19世纪末,日本在美军压力下被迫开放门户,军队开始采用洋服,陆军用了法国军装,海军用英国军装,下级士官用美军军装。1872年太政官宣布日本正式采用洋服,警察、铁道员、教员、学生通用陆军军服。同盟会的人大多数都有留日或旅日的经历,模仿了当时的日本洋服"。

第三种说法指出,中山装的主要参考来自中国,源说再分广东便服说及宁波便服说,认为孙中山以中国地方便服为基础,加入西装的硬领及多袋等特色而成。有考证指出1916年孙中山托宁波荣昌祥裁缝王才运裁出第一套中山装。《中华文化习俗辞典》折中了南洋华侨说及中国说:"孙中山参照中国原有的衣裤特点,吸收南洋华侨的'企领文装'和'西装样式',本着'适于卫生,便于动作,易于经济,壮于观瞻'的原则,亲自主持设计,由黄隆生裁制出的一种服装式样。"

无论如何,孙中山在这套新式便服上赋予了自己的想法。孙中山认为:"礼服在所必更,常服听民自便。"经过缜密思考,精心设计,并征求意见,在孙中山的努力下,终于创制出了一套具有我国民族特点的简便服装,这种服装样式便依孙中山的名字而起名为"中山装"。

最初的中山装是在上衣领上加一条反领,以代替西装衬衣的硬领。这样一来,一件上衣便兼有西装上衣、衬衣和硬领的作用;又将上衣的三个暗袋改为四个明袋,下面的两个明袋还裁制成可以随着放进物品多少而涨缩的"琴袋"式样。孙中山说,他这样改革衣袋,是为了让衣袋放得进书本、笔记本等学习和工作的必需品,衣袋上再加上软盖,袋内的物品就不易丢失。

孙中山先生设计的裤子是:前面开缝,用暗扣;左右各一大暗袋,前面一小暗袋(表袋);右后臀部挖一暗袋,用软盖。这样的裤子穿着方便,也很适于携带随身必需品。

当孙中山先生穿起自己设计的,也是世界上第一套中山装时说:"这种服装好看、实用、方便、省钱,不像西装那样,除上衣、衬衣外,还要硬领,这些东西多是进口的(当时这些东西多从外国进口),费事费钱。"中山装由于具备好看、实用、方便等优点,所以一经孙中山先生提倡,就得到广大群众的欢迎。

一件中山装,处处彰显辛亥革命"民主共和"的思想,孙中山设计这一新式服装,用心良苦可见一斑。设计"国服"和剪辫子、放裹脚一起,被人们称为"从头到脚"的"全身革命"。孙中山的设计被赋予深厚的政治与文化内涵,与其他礼服相比,中山装还有造型均衡、大方稳重、活动方便、整齐修身的特点,既可做礼服,又可做便装。

在孙中山先生的倡导下,当时的革命党人以身着中山装为荣。也正因为革命领袖和革命干部都穿中山装,新中国成立后,中国人便以这种服装来表达对新时代的热爱,于是中山装成为新中国一款标志性的服装,甚至曾一度被世界公认为中华人民共和国的"国服"。穿着中山装,国民一度找回了失落了一个世纪的自信。

三、中山装的推广与流行

中山装由于孙中山的提倡,也由于它的简便、实用,自辛亥革命起便和西服一起开始流行。1912年,民国政府通令将中山装定为礼服,修改中山装造型:立翻领,对襟,前襟五粒扣,四个贴袋,袖口三粒扣。在孙中山先生的倡导下,当时的革命党人以身着中山装为荣。在1929年制定国民党《宪法》时,曾规定一定等级的文官宣誓就职时一律穿中山装,以表示遵奉先生之法。

中山装的最初款式上衣为立领、前门襟、九粒扣、四个压片口袋,背面有后过肩、暗褶式背缝和半腰带,1922年中山装改为立翻领、七粒扣,下口袋为老虎袋。后来逐步演变成现在的款式:关闭式八字形领口,有风纪扣,装袖,前门襟正中五粒明纽扣,后背整块无缝。袖口可开衩钉扣,也可开假衩钉装饰扣,或不开衩不用扣。明口袋,左右上下对称,有盖,钉扣,上面两个小衣袋为平贴袋,底角呈圆弧形,袋盖中间弧形尖出,下面两个大口袋是老虎袋

143

（边缘悬出1.5～2厘米）。如此"双双对对"，颇具均衡对称之感，很符合中国人的审美观点。这就是小翻领、四袋、五扣的中山装上衣。

与中山装配套的裤子，一般采用同料同色的西式裤，腰围有褶裥，裤脚带折边，结构合理，有庄重、严肃、朴实的美感，这种裤子穿起来很方便，裤袋也可放置随身携带的必需品。此外，裤袋的腰部打褶，裤管翻脚也有异于其他服装，这是中山装的特色之一。

中山装于中华民国成立之初风靡全国，成为当时中国的流行服装样

图99　中山装

式。但是在国民政府退守台湾后，中山装在台湾逐渐淡出人们视野，特别是在蒋介石去世后几年内，中山装逐渐被时任的蒋经国所提倡的青年装取代。

然而在中国内地，中山装的命运却截然相反。由于长期遭到西方国家的敌对和封锁，在文化上受到西方世界的影响很少，使得中山装这种带有革命色彩的服装在内地风靡了30多年，这同时也使中山装——这个以国民党创始人名字命名的服装与内地六五式军服一起，成为欧美人眼中中国共产党和中国革命的代名词。

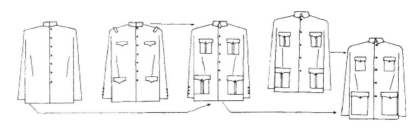

图100　中山装形式的演变①

毛泽东对中山装很欣赏，大概从延安时期起他就一直坚持穿中山装。当新中国领袖的照片第一次出现在世界媒体上后，这套衣服也随之名闻世界。2007年在英国举办了一次别开生面的服装展览，其中包括很多名人穿过的套装样式，毛泽东以一身规整的中山装入选世界十大名人，因而国外人又称中山装为"毛式制服"。事实上，"毛式制服"是以传统中山装为母本，积

　　① 原载于安毓英、金庚荣著：《中国现代服装史》，中国轻工业出版社，1999年版。

极加以创新,依毛泽东的身材特点"量体裁衣"的一种服装样式。主要表现为:领型加大加长,形成新型尖领,领口增开到46厘米;袖笼提高一点;前襟宽一些;后襟稍长一点;中腰稍凹一点;下面两个口袋大一些……

新中国成立之初,人们的穿衣打扮是与革命紧紧联系在一起的。西装和旗袍渐渐地被看作资产阶级情调,在人们的生活中逐渐消失。男人开始以中山装为主装,成为中国最庄重也最为普通的服装。初期的中山装上衣的纽扣很多,四个口袋平平整整,但样式过于呆板正统,缺乏创新。那时拥有一套毛料中山装是令人羡慕的事情,而在中山装的右上口袋插上一支甚至两支钢笔,则是有知识、有文化的象征。

由于革命领袖和革命干部都穿中山装,人民群众也以这种服装来表达对新时代的欢迎,于是中山装在社会上广泛流行,成了中国男装一款标志性的服装,甚至曾一度被世界公认为中华人民共和国的"国服"。由于中山装和列宁装几乎是干部的招牌服饰,所以人民也把这类服装叫作"干部服"。家里要是有一两件,是很有面子的事情。到了20世纪60、70年代,亿万中国人民绝大多数穿中山装,上衣兜里插支钢笔,成为人类服装史上的一大奇观。就是在20世纪80年代初期,中山装在一个村子里还是村长、书记、小学老师、退休干部等有别于一般农民的标志。

经历了20世纪60年代的"蓝灰绿"和70年代的军便装,80年代中国改革开放,随着人们对动乱年代的反思,以及海外各种思潮的冲击,人性化空间在这一时期得到了迅速发展,那种不论年龄、不分场合的千人一衣的着装方式自然而然地开始淘汰,中山装也就淡出了男装舞台。这一时期造成对中山装重大冲击的还有西服热。

但是有意思的是,1984年,在举国瞩目的春节晚会上,身着中山装、戴着眼镜、貌不惊人的香港歌手张明敏,张口演唱了《我的中国心》,深情凝重而又不失铿锵有力的歌声立刻风靡了中国。这首歌不仅唤起了观众的爱国热情,更让全世界华人之间的距离一下子拉近了不少。

近年来,中山装似有回归之势。从外部因素来说,世界越来越关注中国,中国元素在服装界日益强调,中山装也是时尚达人们关注的焦点之一。从内部因素来说,随着近年来越来越多的影视剧中民国戏的粉墨登场,中山装又显露出庐山面目。加上李连杰、刘德华、成龙、甄子丹等越来越多的大腕明星愿意身着中山装出席各种公共场合,更多的人开始倾慕笔挺、肃正的中山装。

另外,中国时装界近年来也推出了众多创新版中山装。例如,以中山装为造型,饰以龙、凤、梅、兰、竹、菊、琴、棋、书、画等图案刺绣。又例如,以印花面料制作中山装、以黑白两种颜色的面料拼接制作中山装,变庄重的中山装为活泼创意的时装。

四、中山装里的文化密码

中国有意义的服装变革较大的有三次:春秋战国时期赵武灵王的胡服骑射,魏孝文帝拓跋宏全面推行服饰汉化,还有盛唐帝王观四面八方各民族服饰择优采取,为我所用。但这些改革,无不是在传统的范围内反传统,是在不根本触动服饰上的封建主义等级观念的原则下进行的某些改良。相比较而言,中山装的出现则是一次大的变革。

辛亥革命不仅推翻了延续两千年的封建专制制度,建立了新的政权,传统冠冕服饰连同它森严的等级制度、礼仪规范也失去了法律的保护,还伴随着新社会制度的确立,出现了服制改革的呼声。孙中山的易服行动,是他反封建、倡民主的革命斗争的一个重要组成部分。从后来的发展来看,中山装的创制、完善和普及,是中国服装史上最伟大的变革之一,它对后世的影响已远远超出衣服本身。

中山装是辛亥革命的重要成果,是中国新式服装经典,是中国服装史上一个全新的里程碑。它虽然是由"博采西制"(孙中山语)开始建构的,但其灵魂、文化内涵则完全是中华民族的。

中山装在其诞生并发展过程中,有一个显著特点,即其中蕴含的时代背景远远超出它的装扮形式。在20世纪前半叶复杂的政治风云影响下,中山装的革命意义远大于服饰的本身含义。新中国成立以后,陈旧的传统习惯势力被逐渐打破,表现在服装上就是破旧立新。身着中山装自然成为思想进步、信念坚定的标志,而且穿着者又多是政府官员或军队领导者,人们在中山装的光环中寻找着自己的位置和理想。于是,一些民族资本家在公私合营之后也纷纷穿起中山装,以此表示告别过去,真正成为人民的一员。普通大众也从中山装里寻找一种认同感。抚今追昔,中山装在人们的日常生活中曾经扮演过异乎寻常的角色,在中国人的生活里,中山装承载过至关重要的精神需求。

中山装表面看起来只是一种服装样式,但其基本形制其实是有讲究的,它是根据《易经》、周代礼仪等内容寓以意义的。(1)前身四个口袋表示国之四维(礼、义、廉、耻);(2)门襟五粒纽扣是区别于西方的三权分立的五权分立(行政、立法、司法、考试、监察);(3)衣袋上的四粒纽扣则含有人民拥有的四权(选举、罢免、创制、复决),袖口三粒纽扣表示三民主义(民族、民权、民生);(4)后背不破缝,表示国家和平统一之大义。

后背不破缝,表示国家和平统一之大义。

倒山字形"笔架盖"象征崇文兴教。

四个口袋寓意"礼、义、廉、耻"四大美德。

五粒扣代表"行政、立法、司法、考试、监察"五权宪法。

口袋上的四粒扣表示人民拥有的"选举、罢免、创制、复决"的四权。

袖口上的三粒扣表示"民族、民生、民权"的三民主义。

图101 中山装里的文化密码

中山装反映了两个方面的特色:一是流露东方文化的神韵,表现中国的传统思想;二是移植西方服饰文化,具有鲜明的民主革命时代特点。

中山装采用西式服装结构和剪裁方法,与明清代的服装形式没有相似的影子。然而中山装却非常完美地体现了中国民族传统性,没有人为地"施加",它体现在精神里、风格上、气质中。中国与西方国家存在着两种截然不同的文化心态,西方强调竞争,东方追求和谐、中庸,而同样是西式结构的中山装却流露着东方的美感。

中山装是西式做法的新颖式样,它吸取了西方服装的技术和科学因素,但不是中国传统和西方形式的强行拼凑。孙中山先生从小生活在国外,接受西方的文化教育,他对西服的穿着习惯和要求非常熟悉。他对中国封建服饰的改革,是对西方男子服装进行分析选择,从中国实际穿着需要出发,移植西方款式精心构思。

在西方作为政府要员或上流社会的绅士,出席重要的礼仪场合所穿用的正规礼服,一般都以重色的燕尾服或西服为主。民国初政府也曾制定过西服作为礼服的规定。由于西服的穿着要求规矩不适合中国的习惯,需要具备衬衫、领带、皮鞋等烦琐的配套服饰,同时,西服需用进口的高级毛呢,

147

这些衣料价格昂贵，再加上人们对西方帝国主义侵占中国，以及租界洋人对人民造成的灾难，保持着心理上的憎恨与隔阂，因此西服并不适宜当时的中国。

服饰文化与城市形象：服饰

孙中山先生没有采用西服，而是选择了西方的军服和已经西方化的日本学生服作为基本型。因为当时大部分留学生和民主革命志士惯穿学生服，出于人民对革命党的支持，感情上容易接受。另外从外形上来看，立领式的学生装、军装到后来定型的小翻领的中山装，保持方形的轮廓造型。宽窄适中的装袖，贴身适体，改变了传统中装宽松的结构形式；领以下等距排列的纽扣，顺垂衣襟而下，呈中轴线左右均衡，保持了穿着后的封闭、含蓄、庄重，实用稳妥，纵横有序，形成平衡的美感。虽然是西方的形式，但符合中国人受儒家思想影响，对服饰偏重调和、内在，注重求美求全的审美心理。①

中山装是中国的，它具有旺盛的生命力，曾为全国人民广泛认同和喜爱，被尊为"国服"，为民主、平等、自由的新服制取代"人分五等，衣分五色"的封建旧服制，立下了不朽功勋。它不但在我国，而且在国际上也产生很大影响，被列为"影响世纪的十大服装"之一。

有人分析出中山装所蕴含的"五个性"②：

一是政治性。中山装体现了一种新旧政治社会体制的变革更替，这已经是最大的政治；中山装的许多重要部位，都有着丰富的政治内涵，它物化了三民主义、国之四维、五权分立。后来将中山装定为民国的法定国服，其政治意义就更为突出了。

二是革命性。中山装的诞生，是与辛亥革命紧密联系在一起的，在"剪辫易服"的氛围下，中山装成为革命者的一个独特象征，穿着中山装成为拥护革命、与清朝封建主义决裂的一种标志。

三是开放性。中山装作为服装虽然是一种革命性的设计，但也继承了中国服装的一些传统元素。当然，它最大的特点还是开放性。首先，它颠覆了清朝时期的长袍马褂，吸取了西欧猎装和日本服装的元素，并结合当时南洋华侨中流行的"企领文装"上衣和学生装风格，又参照了西服平整、挺括、有衣兜的特点，表现出强烈的开明开放精神。

四是实用性。相对于长袍马褂，尤其是清朝的官服，中山装既显得经济，更方便行动。四个袋子并加上有纽扣的软袋的设计，既美观大方，又实用安全。尤其是上衣下面的两个"老虎袋"，可以随着袋内的物品多少涨缩，

---

① 安毓英、金庚荣：《中国现代服装史》，中国轻工业出版社，第34～35页。
② 丘树宏：《中山装的文化性》，载《人民日报》2009年11月21日第8版。

更令人叹为观止。中山装没有采用西装敞领敞怀的做法，而是采取内敛式，这样既容易裁剪，不浪费布料，还省却了那条烦人的领带。

五是文化性。中山装的诞生本身，就已经是一个非常重要的文化现象，其本身也是一件非常重要的文化产品，它被时代附丽了太多的历史担待和含义。而经过近百年的历史沉淀，当浮云远逝，铅华消尽，大地归于宁静，中山装的文化性却日益彰显起来。

如此看来，中山装就不仅仅是一种服装那么简单了，它是一个时代的文化符号。在今天，中山装的政治性、革命性和开放性似乎已经退到历史的后台，然而它里面所体现出来的那种强烈的精神内核，却依然对我们有着非同小可的启迪作用。

中山装给人以一种信心和力量，其蕴含着设计者强烈的主观意愿和设计理想，并与中国历史的背景和使命相融合。孙中山先生一生致力于实现"民族、民权、民生"三大主义，为建立独立、自由、富强的中国奔走号呼。中山装代表的正是一种匡复中华、自强不息的爱国精神。中山装的文化密码在现代中国人的精神生活中得以保存下来。

中山装的优点很多，主要是造型均衡对称，外形美观大方，穿着高雅稳重，活动方便，行动自如，保暖护身，既可做礼服，又可做便装。中山装尤其可凸显男人沉着老练、稳健大方的风格，平添了一份儒雅大气。

中山装作为具有中国特色的男士服装，同时也承载着文化和礼仪。无论是作为正式场合礼服还是便服，都能体现男性的个性化色彩。尤其是经过改良之后的中山装，摈弃了过于严肃和刻板的特点，多了别致清雅之气，更添一份儒雅，穿上更能显示男人的沉稳、高贵气质，比时尚潮流更多了些韵味，在各种派对宴会或商务会谈时更能抓人眼球。

中山装中规中矩、棱角分明，庄重，严谨，方正，实用。作为一款凝聚20世纪中国人特殊情感的常式礼服，已经成为华人在国际场合表达自己民族的一种象征。世界上没有一款服装像中山装这般同革命和政府紧紧地联系在一起，它承载着一种文化、一种礼仪、一份民族的自豪与尊严。中华民族文化血脉的传承中，早已印有中山装深深的烙印，是一种集体文化记忆。

五、百年中山装能否回归

中山装从诞生到20世纪80年代初，一直以来都是中国男性的主要服装，无论是在民国时期还是在中华人民共和国建国之后，中山装几乎成为中国男人的制服。但当几亿男人穿着相同的衣服走进20世纪80年代的时候，

"改革开放"让中国人见识到了世界的新样子。西风劲吹,让几乎所有的中国男人一夜之间脱下了中山装,套上了牛仔裤。中山装一度淡出了时装舞台。

中山装逐渐淡出历史舞台是有其深刻的社会背景和历史原因的[1]。第一,"五四"以来所形成的文化激进主义思想传统使我们在对待重大社会变革时总是采取非此即彼的、激进的、全面否定以往历史传统的态度,造成在面临文化选择时的简单和急躁。第二,"文革"的历史带来的负面效应,使民族文化的自信心遭到重创,因此一切打上"文革"烙印的文化符号,尤其像中山装这样的"红色经典"必然遭到国民的遗弃,而所谓代表"文明"与"先进"的西方文化成为人们必然的选择。第三,西方资本主义通过17世纪以来的全球性殖民扩张确立了西方文化在全球的主导性地位,致使大多数经济落后的国家都有选择西方文化代表国际的、世界的这样的心态,而西式礼服的选择正是这样的"国际惯例"的要求。第四,20世纪80、90年代的东欧剧变,使全球共产主义运动陷入低潮,社会主义国家的先进性和合法性受到质疑,中国虽仍然坚持社会主义制度,但对新中国成立后的历史过程也开始进行系统的反思,中山装无疑是这一时期的经典图式,其先进性必然要经受历史的拷问与洗礼。第五,中山装毕竟吸收了西方服饰中的一些元素,它的形式必然打着西方殖民主义文化的烙印,这从中华民族的深层心理来说是难以恒久认同的,也必然不符合中华民族深层审美意识的本质需求。

事实上,近年来中山装的时尚传承一直在悄然进行。李连杰、刘德华、成龙等影视明星纷纷身着中山装出现在公众场合,青年学生身着中山装照毕业照,婚纱摄影中中山装与旗袍的经典搭配,国际知名服装品牌阿玛尼也推出改良款的中山装。

2013年"两会"期间,全国政协委员徐利明、盛小云向大会提交了一份建议,提出应明确中山装为中国人的"正装",以体现"文化自信"。同时,建议将中山装申报为非物质文化遗产保护项目。

委员们的理由是,中山装具有深厚的历史文化内涵,如前身四个口袋表示"礼、义、廉、耻"国之四维;袋盖为倒笔架,寓意为以文治国;后背不破缝,表示国家和平统一之大义等。申报非物质文化遗产保护项目无疑有利于传承中山装这一中华民族的符号,将中山装庄重大方、寓意丰富的内涵以及作为中国服饰文化划时代的经典意义告诉国民,特别是青少年一代,使之喜

---

[1] 张健:《中山装对当代新国服建设的历史启示》,载《东华大学学报》(社会科学版) 2010年第3期。

爱、穿着、尊崇中山装,传承炎黄子孙振兴中华、自强不息的爱国精神。

对于中山装、汉服等民族服饰的"复兴"呼吁,这两年不绝于耳。有人分析,这与从鸦片战争以来170多年弥漫在中国人和中国文化中的自卑感导致的集体性民族自信心的缺乏不无关系。①

这种民族自信心的缺乏是建立在一个模式基础上的,那就是中国传统文化相对于西方现代文明的落后模式。新中国成立,《东方红》嘹亮的颂歌曾一度驱逐中国人心中的阴霾,也正在那个年代里,中国人喜气洋洋地穿起中山装当家做主豪情万丈,然而可惜的是,这种自信心的建立,是与对领袖的个人崇拜纠缠在一起的。当有一天个人崇拜的面纱被揭开后,中国人的信仰便开始处于一种真空状态。改革开放后,打开的国门让中国人看到了西方的繁华,也看到了30多年被禁锢的悲哀。

近一个世纪过去了,中国人想着赶英超美,想着屹立于世界民族之林,想着共产主义理想事业,却似乎从没有想过要找回自己的民族精魂。这种无根的漂泊状态,表现在我们一方面在寻寻觅觅谋求民族的强大兴盛,另一方面却在藐视自己的传统文明自暴自弃。这种矛盾状态其实来源于民族自信心的不足,它最直接的后果,便注定我们在追求民族进步中失去更多。这其中,包括丢掉了自己的"国服"——中山装。

这种情况直到20世纪末有了一个非常明显的、在集体无意识上的一个很大的逆转。这种逆转实际上是建立在中国经济近年来飞速发展、居民收入和生活水平急速提高的基础上,中国人慢慢积攒起来的对抗文化霸权主义的勇气。"不要数典忘祖,就从衣冠开始!"中国人的服装自信心开始回归,这种回归表现在很多方面,前期可能有一些较为偏激的民族主义情绪,比如复兴宽袖高冠的汉服,褒者有,贬者也不乏其人,众说纷纭。中山装作为一种中国人新的服饰取向就呼之欲出了。

对于百年中山装未来的命运,现在下结论还为时尚早。但无论如何,中山装在国人心目中的位置却很难颠覆,不管中山装能否恢复昔日的辉煌,其内在的美学价值和精神内涵将经久不衰。

中山装的国人情怀
ZHONGSHANZHUANG DE GUOREN QINGHUAI

①《中山装:一个不该被忽视的民族品牌》,中国服装网,2006年4月26日。

"蓝蚂蚁"的千人一面

一、从"蓝蚂蚁"到"红裙子"

1955年,法国记者罗伯特·吉兰写了一本书,名叫《蓝蚂蚁——红旗下的六亿中国人》(*The Blue Ants: 600 Million Chinese Under the Red Flag*):

"中国不管走到哪里,人们都穿着蓝布衣服。我在到中国之前,就知道了;我从报纸书籍上读过这些报道。'从中国回来'的人也说过。但那些旅行者和记者们忘了提到一个事实——这种景象会令人发疯!

"实际上,任何描述都无法再现事实,哪怕只是事实的一个片断:6亿中国人都穿着同样的制服。初看上去令人震惊。这些制服样式简单,也比较新,给人的第一印象倒并不坏。清一色的宽大的蓝上衣,政治委员式或者叫'斯大林式',像军服一样竖起的领口一直扣到脖子上,上衣口袋都挂着一支墨水笔;裤子也是蓝布的,还有软塌塌的蓝帽子,每个人都一样。姑娘也穿着长裤,绝大多数跟男人穿得一模一样,只是留着下垂的长发或扎着农民式的辫子,不用口红也不化妆。永远是同一种色彩样式的服装,毫无变化地不断出现,让人很快就看得厌倦了,这种厌倦又生反感,多么可怕的单调的统一。……

"一座蚂蚁山,的确如此,他们已经变成了蚂蚁山——蚂蚁,蓝色的蚂蚁。这一比喻恰好能够表现那种令人难以置信的景象,其中的意义,远比人们可以想到的要深远。"①

罗伯特·吉兰是个惯于用细节描述历史的法新社记者,"蓝蚂蚁"是他对当时的中国众多描述中的一个,因为切合了当时西方丑化中国的潮流,此后"蓝蚂蚁"成为当时西方对中国人的一个别称,这个比喻屡见于西方报刊。

大约是20世纪70年代末期的一期美国《时代》(*TIME*)杂志,其封面文章为《蚂蚁之国》,讲的是改革开放前夜的中国故事。封面上密密麻麻排满

---

① The Blue Ants: 600 Million Chinese Under the Red Flag, Secker & Warburg, 1957, p121–124.

了穿中山装和军装的中国人，看不出男女，色彩极为单调。这是西方人当时对中国的印象——这是一个着装朴素、毫无个性的地方。

图102　"蓝蚂蚁"

"一群蓝蚂蚁"，这是当时西方人对中国人的印象。"蚂蚁"在于中国人数量之多，"蓝"则是中国人着装的统一颜色。30多年前，绿、蓝、黑、灰一直在中国人的服饰颜色上占据统治地位。谁要是穿颜色稍微鲜艳一点的服装，自己都不好意思出门。那时的服装不仅颜色单一，样式也很简单，款式稍微独特一点的衣服就会被看作"奇装异服"。那一代年轻人似乎并不是把好看的衣服穿在身上，而是把革命热情和理想这样一些简单而崇高的理念穿在身上。

从1949年到1979年的30年中，所有中国人，不分性别，不分年龄，穿着相近颜色、相近款式的衣服，看上去极为邋遢，因为裤管宽松、没有腰线、无式样之分，如同群居的"蚂蚁"一般，人与人之间毫无区别，每个人都灰头土脸，营营碌碌，为生计奔波。

这种情况在中国推行改革开放政策之后有所改变。封闭的大门被打开时，西方文化和港台时尚迅速进入内地，向年轻一代传递着最新的潮流信息。外面的世界使中国人眼花缭乱，中国人开始以审视和怀疑的目光打量自己的穿戴。银幕上的"红裙子"使中国女性从单一刻板的服装样式中解放

153

出来,开始追求符合女性自身特点的服装。一个多样化、多色彩的女性服装时代正式到来。

20世纪80年代初,电影《街上流行红裙子》播出,第一次直接以时装为题材,记录了当时人们思维方式的变化。电影讲述了20世纪80年代初上海大丰棉纺厂一个来自乡下的女工阿香,听说上海的姑娘有比赛穿漂亮衣服的习惯,名为"斩衣""斩裙",于是便托卖服装的个体户买来漂亮的红绸裙穿在身上,以此抗拒女工们称她"乡下人"的讥笑。劳模陶星儿很喜欢这件红裙子,悄悄往自己身上比试。在同伴们的怂恿下,陶星儿终于鼓起勇气,穿着红裙子走进了公园的人群中⋯⋯电影中,被时人当作行为榜样的劳动模范敢于穿上"袒胸露臂"的红裙子上街,而且还到各个服装店去"斩裙",成为当时继《庐山恋》之后又一部引领时尚的电影作品。

图103　电影《街上流行红裙子》

国门打开,观念变更,中国人重新打量自己的穿着,在自我怀疑的目光中,中国人深埋几十年的爱美之心,开始在服饰上得以释放⋯⋯"新浪潮"大概是这个时代出现频率最高的词汇,世界以真实的面目呈现在中国人面前时,中国人也以极快的速度赶上了世界的潮流,而女性服装往往充当着潮流的风向标。喇叭裤首先打破了无彩服装,牛仔装流行、西装重新崛起、运动服与羊毛衫大行其道,使中国人尝到了服饰美给内心带来的甜蜜味道⋯⋯

从"的确良"、绿军装到牛仔裤、喇叭裤、蝙蝠衫,再到吊带衫、黑丝袜、韩版衣服,从"穿暖"到"穿美",从"一衣多季"到"一季多衣",从"手工缝制"到"商场买衣",从"渴望新衣"到"追求品牌",从以往的"从众心理"到"追求个性",几十年来,人们的服装消费观念发生了翻天覆地的变化。

目前,中国不仅是全世界最大的服装消费国,也是全世界最大的服装生产国。如何打造在国际上叫得响的服装品牌、成为服装贸易强国,是中国服装界最关注的话题。

进入21世纪,衣着消费向"多样化、个性化、品牌化"发展。追求时尚、新颖、独特成为年青一代购买衣物的普遍心理。"30年前满街一个款,30年后衣服穿绝版",除体现个性外,还讲究"牌子"。某时尚杂志上有一句让人印象深刻的话,"假如昨天才在米兰或巴黎发布的一种时装品牌今天出现在北京或上海一位女性的身上,你千万不要奇怪"。豪华、昂贵已不再是用来批判西方生活方式的专用词,而成为人们理直气壮地追求的生活目标。

追求个性化和多样化具有重要的社会意义。曾几何时,在那个整齐划一的年代,中国人在思想上超常一致,行动上喜欢随大流,表现在服饰上,就是毫无个性的"蓝蚂蚁"。"枪打出头鸟",对爱"冒尖""出头"的人予以严厉的惩罚。但现如今,富有个性、敢于表现已经成为一种时尚,受到肯定、敬慕和赞扬。时下,穿着入时、打扮时髦的男男女女在中国大街上随处可见。服装的时尚化不断加快,色彩和款式变得新潮、靓丽、时尚,一统天下的蓝黑灰在中国消失殆尽。

二、20世纪50年代的流行:蓝黑灰曾是男女服装的主色调

1949年后,经过一个相当长的时期,社会成功地营造了一种独特的价值系统,在这个系统里,朴素成为普遍崇尚的形象价值。强大的社会舆论制造了这样一种政治逻辑:爱美是资产阶级的本性,而朴素乃无产阶级的本色。所以,人们竞相比赛朴素,以朴素为荣耀。

然而,这种朴素不是人们自身的,而是社会要求的,并赋予了强烈的政治意义。人们不得不以"朴素"来装饰自己,否则可能会引"祸"上身,一不小心就可能被贴上某种阶级的标签。也就是说,在当时的社会环境下,这是一种扭曲人性的朴素。

除了政治因素的干扰之外,这一时期中国人的衣着消费也受经济发展的客观限制。越来越纯粹的计划经济使生产失去了活力,造成了产品的单调划一和短缺。生产不足,消费也就无从谈起。当时的口号是"发展经济,保障供给",经济发展不起来,供给自然无从保障。另一方面,优先发展重工业的方针,片面追求重工业产值产量的增长,造成了轻工业的不发达,衣着材料或服装生产根本就没有被列入"大计划"。

到了20世纪50年代后期,在全国开始了"大跃进"运动,中国人在穿着

上更趋向实用、结实、朴素，逐渐形成了蓝、灰、黑的时代。无论是工厂、农村，还是机关、学校、农场，人们穿着的款式与颜色渐渐趋同，进而形成整齐划一的局面：男子都以旧中山服、旧军服等为主，女子多数穿蓝、黑、灰的两用衫。如果说男女服装有所区别的话，就是一些女性在无性别特征的外套下内搭了小花的两用衫，把花领子翻在外衣领子的外面，这也算是一种对服装款式和色彩的调剂变化了。

中国进入60年代，连续三年困难时期，不仅使粮食大幅度减产，棉花也连年歉收，纺织品、针织品生产都比往年有所下降。这个时期又受计划供应的限制，因为布票的数量比较少，棉布、服装、日用纺织品都要收布票，因此人们在购买纺织品的时候，都要考虑充分利用，买布时考虑布面要宽、要结实，衣服做好以后要能多穿几年，所以在色彩上也只能是选用中性的、比较朴素的颜色，例如黑色、灰色、蓝色或一些比较耐脏、耐洗的颜色。从这时开始，原来的蓝、黑、灰服装的地位更进一步巩固了。

1966年开始了为期十年的动乱，在极"左"的路线指引下，进行了一系列的"破四旧"活动。所谓"破四旧"，就是除旧文化、旧思想、旧风俗、旧习惯。服装便首当其冲。"文化大革命"一开始就把人们的生活习惯给改变了，高跟鞋改为平底鞋，不准留长发，不准穿长衫马甲（封建的东西）、西装（崇洋媚外）、旗袍（小资产阶级情调），服装色调也只有绿色或黄色、灰色、蓝色了，衣装简单而单调。男剪平头（叫工人头），女剪短发（叫革命头）。一时间穿解放鞋、平底鞋、军装、中山装、工人服就成了中国人统一的服饰格调。谁也不敢奇装异服，为穿衣打扮去冒天下大不韪之事。很多受人们欢迎的服装面料和服装款式被莫名其妙地戴上了"四旧"的帽子，本来是一些正常的穿着，只是稍稍鲜艳一点，就被指责为"追求资产阶级生活方式"。这时，服装款式与颜色更加单调起来。

当时人们对着装有个"老三样、老三色"的说法。"老三样"就是干部装、中山装、人民装；"老三色"就是蓝色、灰色、黑色。足见在那个时代灰暗统一的服装背后，人们的精神气质单调、压抑到何种程度。

虽然在"老三样"和"老三色"统治下，人们的穿着打扮朴素、单一，但人们还是想尽办法在此基础上穿得鲜亮一些。如中年妇女穿灰色条纹、叠门襟的两用衫；男子穿灰、蓝色的中山服，穿方口布鞋，戴草绿色的解放帽。小学生也不例外，当时的小学生都要参加红小兵，也穿起了绿军装。但孩子们是爱美的，家长们也不愿让孩子穿得太单调，不少家长在面料上想办法。例如用咖啡色的灯芯绒，做成立领的罩衣穿在小军装的外面，上面绣一点小花显得稚气。女青年的穿着也受到影响,除去两用衫、对襟棉袄之外,到了夏天也只有穿一些浅色的衬衫。

70年代中后期,有一种服装款式在领导时尚的潮流,那就是军用服装。当时的年轻人要是穿上一身草绿色的军装,那是无限风光的一件事。这种洗旧的军装成为当时最时髦的服装样式。在"全国人民学习解放军"的口号下,军装已经成为一种身份的标志,是一种纯政治色彩的服饰。军装还需要军帽、军鞋和军用挎包的配合,一般以"的确良"和棉布为面料,"文革"期间几乎所有人的衣服都仿军装式样。长城内外,大江南北,盛行绿军装,尤其是青少年,都以穿军装为荣,以至于连草绿色的廉价布匹也成了当时最为畅销的商品。对于弄不到军装的人来说,有顶军帽戴着也是好的,由此还曾在部分地区引发了一股抢军帽、抢军用挎包的现象。

图104　蓝制服样式源于中山装,是20世纪60年代
最常见的男子服饰

图105　绿军装是"文革"时期
青年人特有的时装

三、20世纪60、70年代的流行:中山装、列宁装、布拉吉

每一个时代都有特定流行的服饰,而服饰也反映了当下社会的思想和文化特征,服饰和历史紧紧相连。

1949年新中国成立以后,服装的发展经历了一个曲折的过程。新中国成立初期穿中山装的人越来越多,到50年代以后,更是形成穿中山装的热潮。中山装并不是一成不变的,在款式上也是不断地变化。如领子就有很大的变化,从完全扣紧喉头中解放出来,领口开大,翻领也由小变大。当时毛泽东很喜欢穿这种改进了的中山装,因此国外把这种服装叫作"毛式服装"。中山装作为中国的传统服装,从50年代到60年代一直流行不衰,最主要的原因是老年人、青年人都可以穿,甚至儿童也有穿中山装的。中山装什么样的面料都能制作,可以平时穿着,也可以作为礼服,无论是外交场合还是在国内庄重的场合都很适合。实际上中山装已经成为我国很有代表性的服装,也可以说就是"国服"。

图106　中山装是当时
中国男子的常服

图107　标准的列宁装

另外,苏联的服装在50年代初期对我国的服装影响也比较大,如列宁服就是依照列宁常穿的服装设计的。列宁装是一种来自苏联的军服,特点是翻领,前胸双排扣,前襟下端左右各有一兜,女装腰部有明显收缩,穿时在腰间还可系一条布制腰带,裤为西裤,主要为灰、蓝两色。列宁装在50、60年代的中国最为流行,主要是妇女穿着。穿一件列宁服,梳短发,给人一种整洁利落、朴素大方的感觉。列宁服的流行,是军队中的女干部进城带来的。最初在城里流行开来,主要是一些革命干校的学员穿着。后来在各大学中的部分女干部中流行,以后逐渐流入社会,形成了穿列宁服的风气。

除去中山装之外,人们又根据中山装和列宁装的特点,综合设计出"人民装"。其款式的特点是:尖角翻领、单排扣和有袋盖插袋,这种款式既有中山装的庄重大方,又有列宁装的简洁朴素,而且也是老少皆宜,当时穿人民装的年轻人很多。

在服饰略显沉闷的50年代,一种叫"布拉吉"的女式连衣裙成为那个年代一道亮丽的风景。布拉吉是俄语платье的音译,在俄语中布拉吉就是连衣裙的意思,但是由于俄罗斯的连衣裙有其特色,所以中国就直接将这种俄罗斯风格的连衣裙叫作布拉吉。

衣服从来都是一种文化政治符号。布拉吉是苏联女英雄卓娅所穿的衣服,是苏联红军的全体情人"喀秋莎"所穿的衣服,是苏联女子的日常服装,20世纪50年代流传至中国。当中国男人的服装从中山装、列宁装,逐渐过渡到毛制服装的时候,中国的女人穿起了布拉吉。布拉吉是一种短袖连衣裙,一方面具有"进步"的政治意义,另一方面又能够显示女性的身体美,它便捷、轻盈、活泼、经济,上至中央级的大演员,下至幼儿园的小女孩,都能穿、爱穿。只几年的工夫,"布拉吉"就

图108 试穿布拉吉的姑娘

成了汉语中一个最常用的外来词。后来,由于中苏两国关系恶化,布拉吉的名称不用了,但"连衣裙"即布拉吉的意译名一直沿用下来。

过于花哨、过于暴露、过于昂贵的服饰,在50年代虽然没有受到明确的禁止,但在社会风气上受到人们自然的轻视,因为那意味着腐朽、轻佻,意味着剥削、反动,意味着资产阶级,意味着美帝国主义。所以一些大胆新潮的女性虽然会穿着布拉吉走上街头,但受到的指责也是明显的。

四、20世纪80年代的流行:喇叭裤

20世纪80年代,中国改革开放,服装行业进一步进入繁荣,人们的思想观念有了很大的改变。一批思想解放的年轻人首先穿起新款式的服装,在社会上引起了强烈的反响。一些名牌老店恢复了店名和传统的经营特色,一批批时髦的服装出现在市场上。这就使人们逐渐对时装化有了进一步的认识,使人们脱离了多少年一贯流行的蓝、黑、灰状态。

159

首先冲击国人心理防线的是一种叫"喇叭裤"的东西。所谓喇叭裤，因裤腿形状似喇叭而得名。它的特点是：低腰短裆，紧裹臀部，裤腿上窄下宽，从膝盖以下逐渐张开，裤口的尺寸明显大于膝盖的尺寸，形成喇叭状。在结构设计方面，是在西裤的基础上，立裆稍短，臀围放松量适当减小，使臀部及中裆(膝盖附近)部位合身合体，从膝盖下根据需要放大裤口。喇叭裤的长度多为覆盖鞋面。

喇叭裤是20世纪60至70年代美国的风尚，"猫王"普雷斯利把喇叭裤推向了时尚服饰的巅峰。随后，喇叭裤在港台地区流行，并直接影响了改革开放初期的中国内地。当时，港台电影中，明星们都穿着上窄下宽的喇叭裤，把屁股包得滚圆滚圆，引领时尚。

喇叭裤最初映入中国人的眼帘，大致和1978年风靡中国的两部日本电影有些关联。一部是《望乡》，栗原小卷扮演的记者面容清秀、气质高雅，一条白色的喇叭裤让她的身材更显袅娜，让无数少女心中羡慕；另一部是《追捕》，高仓健和中野良子不仅成了年轻人最早的偶像，片中矢村警长的墨镜、鬓角、长发和一条上窄下宽的喇叭裤，更成了当时无数男青年效仿的对象。

喇叭裤的出现，颠覆了几十年来中国人对服装的刻板认知，它成为年轻人对审美习惯的最初挑战。从喇叭裤本身的特点分析，在喇叭

图109　喇叭裤

裤出现前，女装裤从来都是在右侧开口的，可是，喇叭裤不论男女，裤链全开在正前方，这肯定让当时多少年一成不变穿惯了直筒裤的人接受不了。另外，这种裤子低腰短裆，紧裹臀部，裤腿上窄下宽，从膝盖向下逐渐张开，形成喇叭状，有的裤脚能宽大到像一把扫街的扫帚。如此造型也被一些老年人称作"不男不女，颠倒乾坤"的不祥之物。

正是这种反差逐渐改变了人们的思想观念，给当时的传统服装带来了新的冲击，打破了人们当初对服装认识上的禁锢，体现了当时一部分年轻人的反叛思想，成为一面象征自由的旗帜，刷新了人们对服装的旧观念。当那些带着反叛心理的年轻人穿着喇叭裤闯入人们的视线，时尚前卫的喇叭裤让不少人心里痒痒的。富裕点儿的人到一些裁缝铺定做，条件不够的人则自己用原有的裤子"改装"。穿上这样的裤子，对于他们来说，就是当时世界

上最时髦的。

但是，作为一种新生事物，当年喇叭裤的出现也引起过许多人的反对和抵制。那时"文革"刚刚结束，人们的思想还比较保守僵化，稍微新潮一点的服装，均被视为奇装异服遭到排斥。喇叭裤的命运也是一样，从它一开始出现就受到了多数人的反对，谁要是穿一条喇叭裤上街，肯定会被周围的人指指点点，成为众人口中"不正经的人"。穿喇叭裤甚至被上升到政治的高度，着装者被视为"追求资产阶级生活方式""流里流气""不三不四"。

喇叭裤与其他的"文化走私品"——蛤蟆镜、收录机、迪斯科和邓丽君的歌声等一起，构成了20世纪70年代末80年代初中国民间文化的一道奇特景观。人们经常在街上看到留着大鬓角、戴着不揭下商标的蛤蟆镜、穿着花格子衬衣和喇叭裤、手中提着双卡收录机的"时尚"小青年。

图110　当时年轻人的时髦装扮

其实纵览喇叭裤的历史，我们可以追溯到我国遥远的汉代。在出土的一批西汉空心画像砖上，有图像显示"对舞女子皆梳鬟髻，着长袖紧身上衣，下穿喇叭裤"。敦煌壁画里面的飞天形象也表明，喇叭裤的穿着是非常普遍和广泛的。

图111　汉代杂技画像砖

喇叭裤在国外的历史可以追溯到17、18世纪，当时英国是航海事业较发达的国家，但限于舰船的船身小、船体轻，在海上遇到大风浪，船被打翻，士兵落水的危险很大。为了便于抢救溺水者，英国水兵军服的裤脚管比较肥大，呈喇叭形。溺水者被救上来，呈仰卧状，救护者解开其腰带，拉住裤脚，很容易就能把湿衣脱下来。到了20世纪50年代，美国一代摇滚巨星"猫王"第一次演出就穿了喇叭裤，引领美国时尚。随后喇叭裤流传到日本和中国港台地区。

我国对外开放的不断推进、民间的海内外往来日渐密切，也推动了中国内地喇叭裤的流行。喇叭裤在一定层面上也代表着一种思想上的进步与开放、接受与包容。可以说，喇叭裤的出现折射出当时那个时代的躁动，张扬着那个时代年轻人的反叛心理。喇叭裤是80年代人们对时装功能重新认识的开始，也是对几十年来封闭观念的一种挑逗性的试探。现在看来，当时关于穿喇叭裤的争论似乎有些幼稚可笑，但从审美文化史的角度上讲，它却预示着一种尊重个性、突出差异的新时代的到来。

改革开放以来，从当时"不正经的人"穿的服装，到现在的流行趋势，我们见证着喇叭裤逐渐变成引领时尚的标志。它不仅定格了一个时代的历史，更镌刻着无数人关于改革之初最质朴、最真实的记忆。

五、皮尔·卡丹与中国第一支时装模特队

对于有些年龄的中国人来说，"皮尔·卡丹"不仅是一个外国人名、一个时装品牌，更是一段时代记忆。

在中国刚刚改革开放后的那一年，法国时装设计师皮尔·卡丹就揭开了中国服装的"红盖头"。1979年9月他带领12名外国模特在北京民族文化宫举办了中国内地第一场内部时装秀。对于服装禁忌了30多年的中国人来说，第一次认识了一个国际服装品牌叫"皮尔·卡丹"。皮尔·卡丹时装成为最早进入中国市场的国际品牌，它在很长的一段时间里成为身份的象征。

当皮尔·卡丹预见到中国这个文明古国蕴藏的商机时，其他的法国同行多是持怀疑的态度观望着他。那时，他是第一位来到中国的欧洲设计师。1978年冬天，当皮尔·卡丹夹杂在大群游客间，缓缓走向八达岭长城时，他看到的依旧是一个蓝咔叽布的海洋。然而，与写作《蓝蚂蚁——红旗下的六亿中国人》的法国记者吉兰不同，这个威尼斯破产商人之子，这个出身贫寒、当过裁缝学徒的巴黎时装设计师，此时却在这个国度嗅到了别样的气息。

这个冬天，皮尔·卡丹产生了在北京举办几场时装演出的想法。他后来

谈到,"这是个疯狂的念头。……我曾以为这是不可能的,但我还是做到了"。

的确,在当时的中国举办时装演出不啻天方夜谭。这一年冬天,尽管坚冰初破,这个广袤而神秘的国度却依旧色调森严、禁锢处处。对西方的舶来品,这个蓝黑灰的世界不仅疑虑重重,甚至心怀敌意。

图112   1978年皮尔·卡丹第一次访问中国

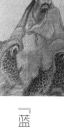

事情的转折,来自于一顶"牛仔帽"。1979年农历春节,邓小平开始了为期八天的美国访问。五天以后,在德克萨斯州的一个竞技场,这个刚刚被《时代》周刊评为"年度风云人物"并以48个整版篇幅详尽报道的"新中国的梦想家",大大方方地戴上了两名女骑士送来的白色牛仔帽。这个象征性的细节,引发了世界范围的热烈报道。

牛仔帽是一个符号,是一种政治隐喻,对此,中国官员心领神会。皮尔·卡丹的时装表演顺利举办。与此同时,一些限制性要求也出现了:演出不报道、不宣传,"尽量低调";不对公众开放,仅限外贸界、服装界官员及专业人士进行"内部观摩";各单位在发放门票时,应严格把关,挑选"思想素质过硬"的观众……皮尔·卡丹带着八名法国模特和四名日本模特分别在北京、上海举办了时装展示会。

无论如何,正是这次的时装表演,催生了中国第一支时装模特队。继皮尔·卡丹之后,1980年,日本和美国的时装表演队相继来到上海进行表演。在见识了几场外国的时装秀之后,上海服装总公司决定成立自己的时装表演队。1980年11月19日,在上海诞生了新中国第一支时装表演队。这支时装模特队属于上海时装公司下属,成员由12女7男组成,最初是以时装表演演员身份出现，但是其实他们都是业余性质，而主要身份则是纺织工人。当这些"时装模特"亮相上海时，引起了全国性的轰动。在这些"时尚人士"的示范带动下，中国人也渐渐学着穿衣打扮了。

图113　1979年3月19日皮尔·卡丹率领的时装表演团在北京民族文化宫举行服装表演

在大城市里，各种专卖店如雨后春笋般遍布大街小巷，女人们倾向到专卖店买衣服鞋子。专卖店的衣服虽然相对较贵，却更上档次，所以即使多花了钱，大家还是会觉得很开心，这也是追逐时尚后的满足心理。而低收入的女性则更多地光顾各种服装摊，那里有更大量的款式与花色的服装供人选择，价格也更加便宜。

随着改革开放的不断深入，世界服装时尚给中国人的服装注入新鲜活力的同时，中国元素也开始在世界服装艺术中得到越来越广泛的体现。唐装走俏全球，旗袍热遍世界，中国服装作为文化潮流在全世界备受瞩目。

21世纪，中国人对服装诉求的最高境界就是穿出个性——最好是独一无二。服装的主要作用已经不再是御寒，而是一种个性魅力的展现。对于很多现代女性来说，最尴尬的事也许并不是穿了一件不得体的衣服，而是发现居然有人穿了一件跟自己一模一样的衣服，这叫"撞衫"，是现代女性最不能容忍的。一部分有条件的高端女性开始向世界著名品牌商定做衣服，而更多中国女性，则会选择自己做出"混搭"加"个性"的衣服来穿。她们在追逐时尚、追求个性的同时，还不忘专门去买一些时尚流行的服饰杂志以研究穿衣的学问。服装的大胆尺度也开始挑战中国人的眼球，内衣外穿、露脐装、哈韩服等站到了流行前沿。

牛仔裤的潇洒开放

一、永远的时尚——牛仔裤

毫不夸张地说,牛仔裤(Jeans)是现代社会男女衣橱中必不可少的时尚单品。走在大街上,如果你仔细观察,会发现无论男女、无论老幼,牛仔裤的身影随处可见。这种用靛蓝色粗斜纹布(Denim,也称丹宁布)裁制的直裆裤,自诞生之日起,已纵横江湖百年,但如今依旧流行。

在时尚界有一个定式:因为是流行的,所以是会过时的。然而牛仔裤却打破了这一规律,成为既是流行,又不会过时的永恒的时尚。一个世纪以来,牛仔裤恰恰以其不变的风格促成了它的流行,在千变万化的时尚潮流中诠释着自己的"时髦"。

地球人都知道,牛仔裤最早出现在美国西部,因其坚固耐磨的特性,曾受到当地的矿工和牛仔们的欢迎。初期的牛仔裤大多用劳动布(又名坚固呢)裁制,衣缝沿边有双道橘红色的缝线针迹,并缀以铜钉和铜牌商标。随着时代的变迁,牛仔裤的发展已今非昔比,但不变的是永远的靛蓝色系,永远的棉质斜纹布质,永远的强悍视觉效果的裤带设计,永远的个性大针脚裤侧明线。

牛仔裤之所以流行百余年,与它不断的发展与适应不无关系。从最初的体力劳动者专有服饰,到好莱坞明星推波助澜将之大众流行化,再到政客们为赢得平民选票而身穿牛仔裤打出了"平民政治家"的旗号,从此牛仔裤完成了"劳工、明星、平民的轮回",使这条出身卑贱的牛仔裤一跃而身价百倍,久盛不衰。

美国穿牛仔服的人可以称为世界之最了,因为几乎每个人都有5件到10件,甚至

图114　牛仔裤

是更多的牛仔服,美国的各大商场都摆满了各类品牌牛仔裤,牛仔文化已经在美国根深蒂固了。

牛仔服虽然起源于美国,但它现在早已全球化。根据资料显示:在欧洲地区,几乎有50%的人在公共场合穿着牛仔服,荷兰竟然有高达58%的人穿牛仔服,德国也有46%的人穿牛仔服,另外被称为"时装之都"的法国也有42%的人喜欢穿牛仔服。

中国在20世纪70年代末对世界开放时,正值全球呈现牛仔裤化,无论是喇叭式,还是筒式,甚或紧裹腿部的牛筋裤等,都正值世界上形成高潮之时。对牛仔裤持保守态度的中国成年人,先是鄙视,继而喜爱,紧接着自己买一条穿上,再以后便是谁不穿上一条牛仔裤,便被认为是太迂腐了。如今,牛仔裤也已成为中国人日常服饰之一,尤其在年轻人中间,牛仔服饰所传达出的自由、不羁等象征意念,正好符合了年轻人的口味和审美情趣,因而成为他们生活中不可缺少的元素。

目前,牛仔裤的样式早已突破初期直裆裤的单一形态,出现了直筒型、瘦窄型、喇叭裤管型、背带裤型等,根据腰际线的高低,还分为高腰、低腰、中腰等款式。另外人们还把牛仔面料广泛运用在各种服装款式上,出现了牛仔上衣、牛仔裙、牛仔短裤等。甚至无论当季流行什么款式的服饰,都会紧跟着出现牛仔面料的相关样式。

牛仔裤从来都是以自由奔放、酷酷作风的形象出现,时下流行的牛仔装以更轻松的面目亮相,在正式典雅与随意嬉皮之间游走,彻底瓦解了人们刻板的配搭理论。牛仔裤可柔可刚、可内敛可奔放的双重特性,俨然成为新生代牛仔的审美取向。

二、牛仔裤的发明

牛仔裤最早记载于1567年,是对来自意大利港口城市热那亚(Genoa)的商船水手所穿的裤子的称谓,即"Genoese"或"Genes"。从19世纪60年代开始"Jeans"这个响当当的名字才被李维公司正式采用,在这之前人们把它称为"齐腰工装裤"(Waist high over all)、"裤子"(Pantaloons)。

但人们更熟悉的是美国西部淘金热版的牛仔裤故事。牛仔裤发明的故事现在已经成为商界白手起家、成功创业的励志典范。

1829年,李维·斯特劳斯出身于美国德裔的犹太小职员家庭。李维从小就很聪明,顺顺利利地上完中学、大学后,就如他的父辈一样,当上了一个文员。

服饰文化与城市形象:服饰

166

1850年，一则令人惊喜的消息为人们带来了无穷的希望和幻想：美国西部发现了大片金矿。淘金的美梦使无数想一夜致富的人如潮水一般涌向那曾经是人迹罕至、荒凉萧条的西部不毛之地。李维·斯特劳斯当时20多岁，年轻人心中的冒险因子在蠢蠢欲动，犹太人天生的不安分基因也让他不安于做一个安稳的小职员，李维加入到浩浩荡荡的淘金人流之中。

经过漫长的路程，李维来到美国旧金山，这时他才发现自己的草率鲁莽，曾经荒凉的西部现在到处都是淘金的人群，到处都是帐篷，这么多的人蜗居在一个个帐篷里，都能实现发财梦吗？难道自己抛弃工作来到这里，就这样无望地等待？他陷入深深的思考之中。

图115　李维·斯特劳斯

一次偶然的机会，李维看到了新的商机：这里离市中心很远，买东西十分不方便，那些淘金者为了买一点日用品不得不跑很远的路。于是，他决定踏踏实实地定下心来，开一家日用品小店。李维不再从土里淘金，而是从淘金人身上开始自己新的梦想。不出李维所料，这家小店的生意很不错，来光顾的人络绎不绝，很快，李维的成本就赚回来了，还有了不少的利润。

有一天，他又乘船外出采购了许多日用百货和一大批搭帐篷、马车篷用的帆布。由于船上旅客很多，那些日用百货没等下船就被人们抢购一空，但帆布却没人理会。眼看帆布要赔本了，正在沮丧之时，他看见一位淘金工人迎面走来，并注视着帆布。李维连忙迎上前去热情地问道："您是不是想买些帆布搭帐篷？"那工人摇摇头："我不需要再搭一个帐篷，我需要的是像帐篷一样坚硬耐磨的裤子，你有吗？""裤子？为什么？"那工人告诉他，淘金的工作很艰苦，衣裤经常要与石头、砂土摩擦，棉布做的裤子不耐穿，几天就磨破了。"如果用这些厚厚的帆布做成裤子，肯定又结实又耐磨，说不定会大受欢迎呢！"淘金工人的这番话提醒了李维·斯特劳斯。他想，反正这些帆布也卖不出去，何不试一试做裤子呢？于是，他用带来的厚帆布效仿美国西部的一位牧工杰恩所特制的一条式样新奇而又特别结实耐用的棕色工作裤，向矿工们出售。

李维关闭了他那家小百货商店，另成立一家裤子公司，开始专心制造帆布工作裤——那是1853年，日后被叫作"牛仔裤"的帆布工装裤，正式诞生。当时，它被工人们叫作"李维斯工装裤"。

1873年，李维·斯特劳斯将他的牛仔裤申请了专利，正式成立"李维·斯特劳斯公司"。之后，李维不断改进牛仔裤样式：他放弃帆布，改用斜纹粗棉布，那是一种在法国纺织以不变色靛蓝染料织成的强韧棉布。后来，低腰、直筒、臀围紧小、铆钉、拱形的双马保证皮标以及后袋小旗标，这些都成为正宗Levi's牛仔裤的标志。

三、牛仔裤的流行

牛仔裤的原始面貌是工作服，具有浓烈的乡村风格。可能连牛仔裤的发明人也没有想到，这条再普通不过的靛蓝色丹宁布裤子，如今能流行于城市的大街小巷，出现在全世界各个角落，穿着在不同阶层的男女身上，成为不可思议的流行与经典。

我们可以追溯一下牛仔裤的流行路径。

20世纪30年代中期，在美国中西部农业地带，几乎人人都穿的牛仔裤第一次被带到密西西比河以东的繁华都市，从此牛仔裤开始步入流行服装的行列。第二次世界大战期间，美国当局把牛仔裤指定为美军的制服，大批的牛仔裤随盟军深入欧洲腹地。战后，士兵返回美国，大量积存牛仔裤在当地限量发售。由于这种裤子美观、实用、耐穿，又价格便宜，所以在当地大受欢迎。于是欧洲本地的工作服制造商争相仿效美国的原装货色，从而使牛仔裤在欧洲各地普及、流行开来。

美国好莱坞的影视娱乐业对带动牛仔裤的国际流行风潮也起了不可低估的作用。20世纪50年代的著名电影《无端的反抗》中，一代影帝詹姆斯·迪恩身穿牛仔裤的形象被誉为"全世界少女的梦中情人"。马龙·白兰度在电影《飞车党》中骑跨哈雷、穿着Levi's 501的形象风靡一时。这时期以直筒牛仔裤搭配T恤和机车皮夹克为潮流。随后而来的摇滚热潮中，"猫王"艾尔维斯·普雷斯利喜爱的Levi's、ZIPPO也使众多崇拜者趋之若鹜。在那些大牌明星引导潮流的影响下，牛仔裤在当时成为一种时尚的标志。

美国的年轻人纷纷穿上牛仔裤，幻想着成为自由的牛仔。这些年轻人不肯循规蹈矩，只想惹父母生气，模仿牛仔的行径做出一些超越世俗规矩和伦理的行为。此时牛仔裤成为代表叛逆的符号和语言，众多学校都曾明令禁止学生穿着牛仔裤入内，因为他们发现那些学生的骚动和捣乱总是和牛仔裤脱不了干系。

图116　詹姆斯·迪恩在电影《无端的反抗》中的造型

图117　马龙·白兰度在电影《飞车党》中的牛仔造型

　　那时穿牛仔裤的男人会被认为不正经或者太坏。看看"猫王"留着"飞机头"、穿着牛仔裤在舞台上扭屁股的情景,你绝对想不到这在当时激起了社会上怎样的轩然大波。年轻的小孩们认为酷极了,而政府勒令电台封杀他的节目,烧毁他的唱片,认为他的演出"极其低级下流"。而这股坏坏的气质和"猫王"的形象一同被人们记住，并为牛仔裤增添了一种反叛与先锋的文化。

牛仔裤的流行路径，表现出底层大众对自由的认识和向往。穿上牛仔裤，使人有一种"成为自己"的自由感，也就是说，可以随心所欲地选择自己的穿着方式，表达自己的爱憎情感，不必考虑自己的身份、地位、处境……

开始于20世纪50、60年代的后现代主义打破了"崇高"文化和"低级"文化之间的界限，整个社会的发展趋势是走向一种大众的流行文化。而牛仔裤以其非中心化的特点为基础，表达出无阶级性、平等性、自由、个性和多元化等民主概念。随着牛仔裤的广泛流行，这些民主理念不断得以扩展和强化，构成了牛仔裤的核心价值观，使得牛仔裤成为能适合各种场合、表达多种意义的万能裤。

1976年，当吉米·卡特出现在美国总统大选中时，所有人都吃了一惊：他竟然穿着牛仔裤发表自己的竞选演讲！在演讲过程中，他把自己的拇指塞进皮带或者放在牛仔裤口袋里，人们知道，他是在用这种姿势表明自己的态度和男人气概。当天，他像一块磁石般牢牢吸引住了选民的眼光。即使到了老年，卡特总统仍愿意在日常时间穿上让自己放松、真实的牛仔裤。

还有一位爱穿牛仔裤的美国总统，就是里根。这位出身平民的美国前总统里根以朴实的牛仔装扮打出"平民政治家"的旗号，赢得民众的选票。

图118　美国前总统里根

在全球一体化的大环境氛围下，牛仔裤成为世界上流行度最高的服

饰。它不分国度、不分种族、不分老幼、不分男女、不分贵贱、不分美丑，不但

青年和下层平民喜欢牛仔裤,贵族和社会名流也将其收集于衣柜中。据说,英国的安娜公主、埃及的法赫皇后、法国的蓬皮杜总统都喜欢穿牛仔装。

对于大多数中国人来说,牛仔裤的引进与流行,是另一种形式上的改革开放。首先,牛仔裤的诞生地是美国。在20世纪80年代以前的中国,美国意味着资产阶级、意味着腐朽落后,但毕竟从上至下的开放心态是一种历史潮流,我们可以批判地接受一些外来的新鲜事物了,包括来自美国的牛仔裤。其次,牛仔裤的象征意义是勇敢、自由。美国西部拓荒精神的注解,赋予了牛仔裤一种自由不羁的时代意义。当时的中国年轻人以饱满的热情迎接着外来的新东西,而牛仔裤所传达出的勇敢、勤劳、机智、冒险、年轻、个性、平等、自由等内涵,正好符合了当时年轻人要向世人传达的概念。再次,牛仔裤紧身包臀、不分男女的非传统穿着方式,也让中国年轻人初次体会到了反抗与叛逆的滋味。合体或者紧身的牛仔裤将成年人认为羞耻的大腿曲线无一遗漏地表现出来,这种牛仔裤是不能被思想正统的父母们平静接受的。但越是反对越是具有迷人的诱惑力,即使走在路上被长辈们指指点点,前卫的年轻人还是感受到了来自角落里艳羡的同龄人的注视眼光。

不管怎样,牛仔裤就是这样,随着中国改革开放的不断推进,被中国人接受并成为平常的穿着服饰。牛仔裤是非正式的、无阶级的、男女都适宜的服装,牛仔裤的内在精神是独立与自由、个性与平等、随意与粗犷。

四、嬉皮士运动与牛仔裤文化

牛仔裤是嬉皮士的标志。20世纪60年代,嬉皮士运动席卷美国,作家、艺术家、音乐家、毒品、摇滚乐和牛仔裤一起发酵,低腰紧臀的性感,颓废、破洞、补丁、邋遢不羁,这些都变成了那个时代的偶像形象描述。据说,嬉皮士们醒来时第一件事是睁开眼睛,第二件事便是套上自己的牛仔裤。

嬉皮士,英语 Hippie,本来被用来描写西方国家20世纪60年代和70年代反抗习俗和当时政治的年轻人。嬉皮士用公社式的和流浪的生活方式来反映出他们对民族主义和越南战争的反对。他们在政治上批评政府,认为政府对公民的权益进行限制,感叹传统道德的狭窄和战争的无人道性;在文化上主张逃离生活,批评西方国家中层阶级的价值观,认为美国是一个被惯例和陈规所充斥的世界,它已经成为压制人的个性、迫害个人自由生活的陈规陋习的总和;在生活上欣赏简朴生活,反抗主流的、精英的、技术的、物质的社会。

嬉皮士的特征是长发、大胡子、色彩鲜艳的衣着或不寻常的衣饰,听摇

滚乐。嬉皮士后来也被贬义使用，用来描写吸毒者。

所谓嬉皮士，正是战后一代人成长起来，青春活力需要宣泄，自己也觉得足够成熟，标榜个性，向传统和长辈建造的世界挑战，反判这个令人诅咒的秩序。嬉皮士产生的时代社会背景是战后的婴儿潮。美国在20世纪50年代生育率达到高峰，最高时竟达25%。这些人在成长时期，正值美国经济高速发展，快节奏的现代消费生活成为现实。这些当时正处于青春期的孩子们在物质方面得到了极大的满足，但在精神方面却缺乏情感的关爱，因为父母都外出工作，家庭欢聚式的社会生活模式被打破，精神上的困惑与缺乏，导致这些孩子借助暴力宣泄情绪。体现在服装上，就是一种反传统、反体制的时装。他们认为由高级时装规制的"自上而下"的传播程序是非常不民主的。对这种传统的反抗，最外显化的表现就是服装上的反传统：挑战禁忌，穿破洞牛仔裤，留长发，女性穿迷你裙、不戴胸罩等。

20世纪60年代，牛仔裤借嬉皮士运动，风靡全球，称霸世界。

首先，在滚石等摇滚乐手的煽动下，代表奢华生活的传统时尚界成了青年们攻击的对象。年轻人宣称"放弃主流，创造属于自己的时尚风格"。在当时，摧毁衣料是摇滚青年们引以为豪的举动，当摇滚乐手们在演出后疯狂砸乐器的同时，摇滚青年们也在摧毁衣料中找到了相同的快感。很快，破洞牛仔裤成了摇滚青年之间相互识别的接头暗号。

大战结束后的人们愈发向往自由的生活，人们不再拘泥于从前的等级划分，全民都在寻找更加平等、自由、个性而独特的生活方式，服装潮流也就此开始解放。美国的年轻人仍然喜欢牛仔裤，然而并不是每一条牛仔裤都是合身的。即使是合身的，两条完全相同的牛仔裤穿在两个不同的人身上，如何体现它们的区别？为了寻找到自己完全合身的牛仔裤，人们发明了一种浴缸自制的方法，即穿上牛仔裤后跳入装满45度热水的浴缸，待上15分钟。牛仔裤会缩水，并且完全按照自己的腿型开始发生变化，然后穿上湿漉漉的牛仔裤坐着等待它变半干，这样制作出的牛仔裤不但合身，而且带有独一无二的水洗纹——人们通过这样的DIY方式，像鉴定DNA一般寻找完全属于自己的裤子。这种方法一直沿用到了今天。

紧接着，在牛仔裤的地位被各种青年文化不断催生的同时，时尚品牌们开始看到了牛仔裤的巨大商机。他们将牛仔裤的主要原料丹宁布收为己用，套用在各种裤型上面，进一步扩大牛仔裤的势力范围，让每个人都迷上了牛仔裤。牛仔裤被时尚"招安"。这时牛仔裤已经展现出强大的影响力，其象征着随意自由的文化内涵和雅俗共赏的独特气质，使牛仔裤开始成为了世界范围内的着装符号。

众所周知,牛仔裤最先被公认为男人的服装。但由于两次世界大战和美国经济迅速发展的影响,更多的女人走向了社会,牛仔裤也进入女装世界。20世纪50年代时,女式牛仔裤首开先河,将女裤拉链从侧襟移到了前面,和男裤一样改在中间,这在当时的社会里引起了巨大的争议与影响,但最终还是被人们所接受,并慢慢为人们所喜爱。从此,牛仔裤不再是男人的专利。

之后牛仔裤在"性感"这一层面上做文章,对身体体验不加掩饰的追求和表达,满足了时代人们的共同爱好。

20世纪最性感的好莱坞明星玛丽莲·梦露,通常会穿一条牛仔裤出门。梦露是最早穿上牛仔裤的名人之一,在她完美臀部曲线的衬托下,就连如此硬邦邦的布料也立即拥有了女性魅力,牛仔裤也从此成为时尚的一员。梦露的牛仔装扮与当时真正的西部牛仔不同,她只是想从牛仔布料的粗犷感中提炼出一种野性美、一种另类的性感。

名极一时的流行天后麦当娜对服装的品味不俗,总是能引发粉丝们的追星狂热。在《Don't Tell Me》音乐录影带中,麦当娜扮成女牛仔在MV中热歌劲舞,让原本阳刚的牛仔服展现别样的性感。这样的打扮迅速流行于年轻女孩之中。

1980年,年仅15岁的波姬·小丝在镜头前挑逗地说道:"There is nothing between Calvin and me!"("我和我的Calvin牛仔裤之间什么也没有!")这句大胆的广告语一出,Calvin Klein的牛仔裤销量在短短三个月内增长了300%! 这也成为牛仔裤广告史上最经典的一句台词。

在最初,牛仔裤仅仅是作为耐磨、结实、贴身的一种工作服所用,数以万计的淘金者穿上它只为能淘到更多的金子,实现自己的发财梦。但是随着时代的发展、各种流行元素的加入,牛仔裤也从普通的工装裤转变成为流行一族的宠儿。有了它,你可以休闲,可以随意,可以潇洒,可以严肃,也可以前卫……它是野性的张扬,更是激情的绽放。

五、对牛仔裤的文化解读

众所周知,服装作为人体的外包装,从产生之初就已深深烙上了社会文化的印记,它是身份地位的象征,是权势金钱的体现,古今中外,概莫能外。然而自19世纪末牛仔裤诞生之日起,一场服装革命便如火如荼地展开,传统服装的社会内涵伴随着牛仔裤在全球的迅速蔓延而开始土崩瓦解。

从问世到风行全世界，从劳动工服到时尚宠儿，无论是男女老少、平民百姓，还是政界要人、影视明星，牛仔裤始终都是其衣橱里不可或缺的一个组成部分。是什么魅力使牛仔裤受到人们如此钟爱？牛仔裤到底蕴含着什么样的精神内涵，使一个多元文化并存的世界在牛仔裤这一服饰上得到高度的统一？

首先，它挑战了传统服饰文化。

中国社会在长期的封建经济和农业文明的影响下，服饰文化被纳入统一的意识形态领域中，围绕宫廷和皇权，依据社会等级制度，自上而下的流行传播格局，使服装的社会功能以体现人的地位、等级、权力、财富、信仰等为主。因此，在强调"礼制"的时代，服装已经超越了一般的审美功用，成为社会等级和精神控制的手段之一。

西方资产阶级革命取代了封建社会，在工业革命、文艺复兴、民主政治的推广过程中，在贯彻平等、自由和博爱精神的过程中，他们的服饰文化也充分体现了这一点。人们自由地选择自己喜爱的服装，人们无法单纯地从服饰上判断人与人之间的差异和社会地位。

从20世纪50年代起，随着美国好莱坞兴起的西部片的热潮，牛仔裤以其随意的穿着方式吸引了年轻人的目光，穿牛仔裤成为一种时尚。70年代牛仔裤更成为炙手可热的着装，无论是普通的蓝领阶层还是白领阶层，甚至是美国的总统都穿上了牛仔裤，加之演艺明星、大众传媒的推波助澜，牛仔裤已逐渐成为全世界所瞩目的时尚符号，更成为新兴的大众文化的先锋代表。

从牛仔裤的流行中，我们不难感受到传统服饰文化的社会内涵开始受到挑战。事实上，牛仔裤被人们广为接受的过程，实际上映射了服饰文化社会功能潜移默化的一个转变过程，即非主流的设计作品常常走在流行之前，它们吸收来自下层社会的亚文化营养，创造出新奇的样式，进而成为主流。

其次，它赋予了人们民主生活观念。

20世纪70年代以来，随着西方发达国家经济的发展、民主政治的推行，上层社会的人们也不再苛守保守刻板的生活表现方式，也穿起牛仔裤这种大众化服装。身着牛仔裤的教授学者在讲台上侃侃而谈，名门望族乃至公主国王也穿起牛仔裤"招摇过市"。这种以往为打工仔穿用的牛仔裤为上层人士所采纳，在服装史上可谓罕见。牛仔裤创造了不同身份人们之间的对话，从而使人们走向团结一致。牛仔裤无意中扮演着推进民主、自由的角色。

从服装流行的传播途径来看,牛仔裤打破了传统自上而下的流行方式,第一次让流行服饰出现上传模式。

当上层主流社会以一种高人一等的姿态传达着尊贵与权威意义时,他们的服装也成为显示至上权力的工具。当上层社会的时髦人士穿着种种新奇服饰从而得到普通人模仿之后,他们又推出新式样,维持始终存在的上下界限,从而使得流行服饰的更新和传播不断进行。受当时社会等级差别和物质条件所局限,这种服饰流行的下传模式是一种必然。

然而现代社会打破了传统的服装下传模式。随着现代化生产的发展、生活水平的提高和价值观的改变,高级设计师昂贵的新作品与其廉价的仿制品几乎同时为社会上下层所采用。而且,上层人士服装日益保守,渐渐走向末路,那种精心制作的不适于劳动的服装已不再受人们仿效。同时劳动者自己的服装却愈发显示了活力。这是服装进入现代社会的必然发展趋势。牛仔裤这种植根于民间的服装受到了中上层人士的欢迎,由此,现代社会上下层之间的服饰差异性日益缩小。

服装流行模式的改变反映出服装流行历史演变的时代进步特色,而恰逢此时广泛流行的牛仔裤也同样标示着进步,成为消除传统服装等级性的标志。

再次,它消除等级差异,倡导平权意识。

美国著名学者约翰·费斯克在《理解大众文化》一书中,对牛仔裤进行了文化解读。他说,牛仔裤是一种极为实用的服饰,它舒适、耐用,有时也很便宜,并只需要"低度保养"(low maintenance)。牛仔裤的功能性是其成为一种服饰时尚的前提,但却无法解释它为什么如此流行,更无法解释它能如此广泛地涉及整个社会生活系统和社会范畴系统。我们无法根据任何一种重要的社会范畴系统,如性别、阶级、年龄、民族、宗教、教育等来界定一个穿牛仔裤的人。一般说来,穿着牛仔裤有两个主要的社会群体,其一是年轻人,其二是蓝领阶层,但这两个群体应被视为符号学上的,而不是社会学上的。也就是说,他们是意义的中心,而非社会范畴的中心。这种符号学上的意义,表现为他们否定社会差异性的文化心理诉求。牛仔裤被视为非正式的、无阶级的、不分男女的,且对城市与乡村都适用的服饰。穿牛仔裤是一种自由的标记,即从社会所强加的行为限制和身份认同的约束中解放出来。这里的自由是指"自由地成为我自己"。牛仔裤里面社会性差别的淡化,使人有

自由成为自己。①

牛仔裤从它产生的第一天就体现出人本思想的内涵。这点从牛仔裤的起源就可以感受得到。我们不难看出,人们之所以选择牛仔裤,看中的正是牛仔裤经济实惠的价格与坚固耐用的材料,这种无与伦比的实用性能,不仅能满足人的基本需求,同时更体现了服装以人为本的社会内涵。

随着社会的发展,传统的正装、礼服使人不得不压抑个性而陷于社会地位、等级身份、权力财富的圈圈,由于传统服装的社会功能,人们的着装表现出一种过于理性的秩序性和千人一面的同一性。为了符合这种社会功能,人们不得不接受服装设计师、个人形象顾问的各种建议与要求,甚至不惜以牺牲服装的基本舒适功能为代价,如穿上紧身的胸衣和举步维艰的礼服。而牛仔裤则完全不同,它的每一段进程,甚至每一个款式都体现出设计师和穿着者之间的交融,它不是设计师才华的单独体现,而是消费者独特个性的洋溢与丰富情感的宣泄。

闻名世界的硅谷,在这个专家、教授、学者、工程师等白领云集的地方,即使在正式的工作日,来去匆匆的人们也大都穿着牛仔裤,那种规规矩矩的西装革履的"英国绅士"在这里难得一见。硅谷人被称为新的价值观的代言人,他们崇尚自由、平等、宽松,不喜欢发号施令。也正因为如此,牛仔裤成为时尚。惠普公司副总裁比尔·鲁塞尔说:"在硅谷最重要的经验是人与人之间的相互交流,在硅谷并没有人为了便于交往而故意发起那些非正式的穿着革新或别的什么,在这里的每个人只是想留给他人一种轻松随意的印象。"实际上,随意的穿着、宽松的环境,缩短了人与人之间的距离,方便了人们的沟通,也为硅谷的人际交往和知识的创新创造了良好的人文环境。牛仔裤所隐含的天然的、非天然的意义,与其他意义一道,构造着与美国西部神话之间的关联,其所指涉的,是有关自由、平等、粗犷和勤劳(以及休闲),还有进步、创造的观念。②

最后,它提倡男女平等,消解性别差异。

在服饰的发展过程中,男女服饰都有严格的界定,而服饰也成为吸引异性的手段之一。自古以来传统的服饰美学强调两性角色的差别,男性需要体现出稳健、洒脱的阳刚之美,而女性更应体现出娴熟、温婉的阴柔之美。

然而社会发展到今天,男女的社会地位逐渐趋于平衡,传统的社会观念受到冲击,尤其是19世纪的工业革命以及20世纪的两次世界大战和经济的

① 〔美〕约翰·费斯克:《理解大众文化》,中央编译出版社,第5—6页。

② 沈晓夫:《从休闲装看硅谷文化》,载《中外企业文化》2000年第23期。

迅速发展,使越来越多的女性走向社会。为了获得社会承认,她们需要扮演和男性一样的角色。除了内在的心理因素外,外在的形象表现也是这种角色成功扮演的关键,服装无疑是外在形象最好的表现。而牛仔裤悖于传统、超越性别的服饰概念,正是现代人所倡导和追求的,它的中性服装主导思想将男女性别特点弱化。

随着职业妇女的增多,原来只适用于家庭范围内穿用的服装必然陈旧过时,她们需要更简单、实用的服装便于工作和劳动,于是女装便日益体现出男性风格。女装的改进体现了妇女们渴望像男人一样独立自主的愿望。妇女的穿着不再充当丈夫们炫耀自己的工具,这就必然会受到一些保守派接二连三的压制和威吓。然而,整个文明世界妇女们掀起的妇权运动,最终把她们从过去被强迫保持的专制形式的服装中释放出来。她们把长期沿袭下来束缚手脚的长而重的裙子或紧身围裙扔进了历史垃圾堆,而穿上了长裤,尤其是为男子们喜穿的牛仔裤。

六、牛仔裤与中国

牛仔裤真正开始在中国内地出现是有明显的时代印记的。中国的改革开放带来的是各领域里翻天覆地的变化,比较显现的表现从男女老少的穿着上就可窥见一斑。从"蓝蚂蚁"到"花蝴蝶",中国人渐渐远离服装式样上的"划清界限"心理,随着社会风气的转变,过去被认为是美国文化标志的牛仔裤,开始成为中国人,尤其是年轻人的时尚选择。

百货大楼里不再只出售灰、蓝为主要颜色的衣服,衣着款式也趋于中性。这种"中性"是指两个方面:在意识形态上,不再简单分左右;在实用上,也没有男女之别。

中国人的传统服饰心理是要通过服饰区分不同人群的,而牛仔裤的出现,尤其当牛仔裤成为中国人的日常服饰时,它在根本上打破了人群界限的划分标准,牛仔裤的"中性"诉求最为典型。

牛仔裤初在中国内地出现时,人们把它划归为资产阶级的代表,而那些效仿穿着者则被认为是受资产阶级思想影响,与那些留长发、穿花衣者一律被斥为"流氓",人们对此打扮嗤之以鼻。但该来的总归要来,牛仔裤伴随着其他新的社会生活行为,一并冲破障碍成为潮流。牛仔裤简单实用,人人可穿,体现了美国文化中的实用主义以及平等观念。中国年轻人穿着牛仔裤的动机也在于自我表现,想要表达标新立异、我行我素的个性,想要表现出自己在社会中的存在感,以及自身存在的社会价值。

牛仔裤的潇洒开放
NIUZAIKU DE XIAOSA KAIFANG

177

牛仔裤日常、轻松与不拘泥于任何形式,成为它典型的特征为男女青年所喜爱。牛仔裤在中国,还改变了人们的衣着轮廓和习惯。以前中国女式裤装的拉链是在右边,只有男式裤装的拉链缝在前面。而牛仔裤的拉链形式是一律缝在前面,不分男女。渐渐地,中国人都接受了裤装拉链在前的形式,继而这种习惯也延伸到其他材质的裤装,女式裤子再也没有出现过拉链在侧的样式。不妨去问那些"80后""90后"的年轻人,他们甚至都不知道女式裤装的拉链曾经开在右侧,在他们的生活认知中,裤子拉链本来就开在前面。

另外,最初的牛仔裤样式是多袋而肥大的,是为了适应淘金的需要。随着牛仔裤的时装化,它开始变得贴身,并以显露穿着者的身材曲线为傲。中国人在传统上是羞于暴露身材的,不仅衣着大面积遮蔽身体,更是强调宽大。但选择了牛仔裤,就意味着身体下半部分的曲线是展示的,尤其是牛仔裤对臀部曲线的刻意强调,强烈冲击着保守人士的心理防线。当女装牛仔裤趋于男性化时,男装牛仔裤也趋于女性化,牛仔裤的主要款式都以贴身而展露身体线条为主的。

当代服饰消费心理：
炫耀富贵，迷恋名牌

一、中国式的炫耀性消费

《读者》杂志2012年第15期上有一篇文章，题目是《扎克伯格的连帽衫经济学》，说的是社交网站Facebook的CEO扎克伯格从不炫富，连帽衫和拖鞋是他最常见的打扮。就好像苹果公司创始人乔布斯，永远是黑色高领套头衫配牛仔裤和运动鞋，比尔·盖茨总是穿一件宽松毛衣，里边加一件领子永远没有翻好的衬衫。

这些IT界精英们都已经是享誉世界的公众人物，他们的身价与能力已无需向世人证明，他们随意的穿着反而在一群西装革履的各界精英面前显得特立独行，"高富帅"们试图通过衣着来展示炫耀身价，在这些人面前反而相形见绌。

当然，在标签化的当下社会，这些坐拥数亿却穿着随意的富豪们的打扮也招致过批评。当扎克伯格在Facebook的IPO路演①中，仍然身穿连帽衫时，分析师迈克尔·帕赫特批评说："我认为这是不成熟的标志，他必须认识到他正在吸引投资者，必须向投资者表示尊重。"

在帕赫特看来，如此重要的商务场合与如此随性的穿着打扮是极不相乘的。

其实，这里有一个"炫耀性消费"的问题。所谓炫耀性消费（Conspicuous consumption），又可称为"显眼的消费""装门面的消费""摆阔气的消费"，指的是富裕的上层阶级通过对物品的超出实用和生存所必需的浪费性、奢侈性和铺张浪费，向他人炫耀和展示自己的金钱财力和社会地位，以及这种地位所带来的荣耀、声望和名誉。美国经济学家凡勃伦提出

---

① IPO，全称Initial Public Offering，译为"首次公开发行股票"。路演，源自于英文Road Show，是国际上通用的证券发行推广方式。IPO路演，是指证券发行商在发行前针对可能的投资者进行的巡回推介活动。

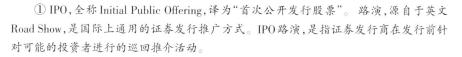

"凡勃伦效应"：商品价格定得越高越能畅销，它是指消费者对一种商品需求的程度因其标价较高而不是较低而增加，它反映了人们进行挥霍性消费的心理愿望。炫耀性消费使人们价值观扭曲，甚至导致过度追求物质享受，造成不必要的浪费。

美国经济学家罗伯特·弗兰克曾经举过一个例子：当你遇到官司，需要在两个律师中挑选一个时，A律师穿着邋里邋遢，开着破车，B律师西装笔挺，开着豪车，我们大多数人会选择B律师。因为律师在竞争激烈的市场上的能力、水平与收入密切相关，而从概率上讲，收入高的律师在消费支出上也高，所以衣着得体是律师的明智之选。

当今社会，对于在服饰上追名牌的人及其着装行为，有褒有贬。褒者认为穿戴名牌服饰是人的财力、气魄、现代意识和认知能力的综合反映，能够穿得起名牌服饰的人，必然有钱，能够懂得名牌服饰的人，一定是"名门""大家"，能够认准名牌服饰的人，绝对是新潮人物。其实，还有更重要的一点，是看重以挥霍性开支取得炫耀的光环效应。

追逐名牌服饰属于着装心理中的炫耀一类，以服饰来炫耀自身财富或自身其他长处的心理古来有之。如中国汉代时，曾有在农历七月七日"曝衣"的风俗。东汉崔寔《四民月令》载："七月七日暴经书及衣裳。"暴，通"曝"，就是"晒"的意思。据说，汉武帝时就有曝衣楼。宋卜子《杨园苑疏》记载说："汉武帝时建章宫之北有太液池，池西有一曝衣阁，常有宫女于七月七日登楼曝衣。"到魏晋时，曝衣之俗成了富贵人家炫耀财富的大好机会。到了这一天，尽管衣服或衣料并不需要晾晒，也要将好衣服拿出来摆放或悬挂在门前，以炫耀富有。由曝衣之俗又演变了后来七月七晒书的时尚，当时的文人学士为追求虚名，显示自己的博学多识，就将自己所有的书都拿出来晒。

对此种炫耀持嘲讽态度的人也是自古有之。《世说新语·任诞》中说道："阮仲容、步兵居道南，诸阮居道北。北阮皆富，南阮贫。七月七日北阮盛晒衣，皆纱罗锦绮。仲容以竿挂大布犊鼻裈于中庭，人或怪之，答曰：'未能免俗，聊复尔耳。'"意思是说，阮仲容、步兵校尉阮籍住在道南，其他阮姓住在道北。道北阮家都很富有，道南阮家比较贫穷。七月七日那天，道北阮家大晒衣服，晒的都是华贵的绫罗绸缎。阮仲容却用竹竿挂起一条粗布短裤晒在院子里。有人对他的做法感到奇怪，他回答说："我还不能免除世俗之情，姑且这样做做罢了！"

现代大多数消费者都偏好购买有品牌的产品，他们把品牌作为检验商品品质的一种手段。这一风尚的形成不是偶然的,而是有着一些必然原因。

如今是一个消费的社会,消费社会的重要特征是商品越来越多,每个人被物品包围着,人们通过消费物品来宣示自己的身份属性,确认我们生活在这个世界里。体现在服饰上,人们除了对服饰有审美需求外,还极力追逐名牌,将名牌服饰视为身份、地位、财富的象征符号。

在过去物质十分匮乏的时代,人们购买服装主要是为了满足自己的生理需求和基本的物质需求。而在当今物质丰富、经济快速增长的时代,人们在满足基本生理需求的情况下,追求名牌服饰就变成了获得尊重和自我实现的需求。名牌满足了人们这种心理和精神的需求:对名牌的消费,使人们获得一种莫名其妙的自我满足感,获得一种被认可和接受感。通过名牌,展示了身份,提升了地位。

图119 "名牌的奴隶"

事实上,名牌的附加价值才是人们更看重的。人们在购买名牌服饰时,不仅注重其本身的实际价值,更在意的是它的附加价值。身着名牌,不仅享受到了它的实惠,更享受到了它的气派。这才是人们对名牌趋之若鹜的根本原因。

对名牌服饰的追逐,从积极意义上来讲,是表达个性、情趣和审美品味的体现。当今社会给予人们多元化的表达选择,名牌服饰满足了人们自我表现的欲求,提升自信心,实现自我价值。但从消极意义上讲,不适当地追逐名牌,容易导致人们心理的扭曲,沉迷于名牌服装的魅力。社会上出现了一个特殊的、以追逐名牌为乐的阶层,他们收入尚可,非名牌不用,非名牌不穿,出入于各个名牌专卖店之间。但这类人却易犯"过犹不及"的错误,于是,买衣服贪多、求贵,却忽略了自己个性中独具的特质,沦为名牌的奴隶。

二、国人对名牌的追求

表面上看来,国人对名牌的消费是对高价位、高品质的追求,但仔细分

析下来不难发现，这是对"贵族生活"的欧美文化想象的一种投射。消费名牌，不只是消费高价品，更是消费这些品牌背后的高级文化想象，也就是"假商品消费之实，行精神消费之名"。

名牌服饰为什么会引得许多国人痴迷？原因很复杂。中国人的暴富心理、攀比心理和贵族心理在一定程度上起了某种推波助澜的作用，但更多的是人们接受了一种心理暗示，名牌服饰意味着高品位。根据惯常的思维方式，物品的"含金量"越高，品位越高，价格和价值应该成正比。名牌服饰虽然价格昂贵，但质量好，这是足以说明消费者的理论依据。

所以，无论是富人、明星，还是一般平民百姓、工薪阶层，都对名牌服饰趋之若鹜，情有独钟。一方面是由于名牌名不虚传，另一方面是人们对名牌的"名"苦苦追求。两者相比，穿名牌服饰是为要"名"占了更大的比重。也就是说，人们买名牌、穿名牌既是一种物质消费，也是一种精神消费。因为名牌服装审美含量高，能给人以精神和物质上的满足；同时，名牌服装价格昂贵，穿着它可显示出穿着者的富有及社会地位。特别是今天社会上涌现了一批人，衣、食、住、行均以名牌为主，他们公开申明："不是名牌我不买!"这里，名牌已改变了原有的包装上的含义，成为财富、身份、金钱的象征。有相当一部分人对名牌的追求不仅仅是为了包装自己，而是为了显示自己的金钱与富有，炫耀高于一切。至于说名牌服装是否符合自己的身份、地位、体形、肤色等，均不在考虑之内。

图120 "名牌饥渴症"

有一个新词叫"名牌饥渴症"，是中国人喜欢在国外市场购买大量的名牌商品的一种心理表现。中国人出国"扫货"很疯狂:100多万元的劳力士手表、30万元的卡地亚胸针、500万元的钻石,只要见到喜欢的,对名牌追逐的中国消费者进了商店就用"疯抢"的动作,根本不用犹豫,甚至不用看价钱,抱起一堆就去交钱,好像不这样就来不及了,令外国人咋舌。

《2011年中国奢侈品市场研究报告》称,2011年中国内地奢侈品消费增幅达25%~30%,市场规模首度突破一千亿元人民币。我国奢侈品消费在短短二十年间跃居世界前列,不仅令世人瞠目,连我们自己也不免被吓一跳。据媒体报道,近两年的春节期间,中国人在境外大量购买奢侈品,在世界各地奢侈品店、免税店疯狂"扫货"。有段子说,有国人在专卖店指着货架上的各款包包说,"这个、这个、这个不要,其余全要!"

与国外情况不同的是,在这近似"疯狂"的奢侈品消费群体中,年轻人占有相当大的比重。"拥有庞大而年轻的新兴消费群体,是中国奢华品市场的重要特征。这个群体的年龄已远远低于西方国家的奢华品消费者,甚至也低于同处亚洲的邻国日本。"这是2011年11月两家境外知名公司调查报告得出的结论。这项调查首次将目光投向中国"80后"群体,揭示其独特的奢侈品消费观。

一穷二白的中国终成历史,中国人也有能力享受奢侈,这固然可喜,但在奢侈品消费中呈现的畸形的"中国式消费",也不能不让人产生深深的忧虑。

奢侈品在国际上被定义为"一种超出人们生存与发展需要范围的,具有独特、稀缺、珍奇等特点的消费品",又称非生活必需品。好的、贵的、非必需的是奢侈品的典型特征。有业内人士这样撰文阐述:奢侈品代表的是一种生活方式与人生态度,拥有奢侈品绝不仅仅是一掷千金地拥有某些物品或享受某些服务,而是追求最美好事物的全过程。它分为三个阶段:一是创造财富的奋斗过程,二是追求唯美的选择过程,三是精致生活的体验过程。

以此标准衡量,中国式的奢侈品消费许多都与之大相径庭。在中国,拎着大牌手包挤公共汽车、挤地铁已成为一道独特景观,为买一个名包或高档进口化妆品省吃俭用几个月的、使用奢侈品的同时体验着或艰辛或粗糙生活的大有人在。可以说,为面子、为攀比的"炫耀性消费"仍是当今我国奢侈品消费群体的一大特征。

图121 中国式奢侈品消费

在中国人以往的概念里,奢侈品几乎等同于贪欲、挥霍、浪费。如今,人们的观念已发生了极大改变,拥有奢侈品逐渐成为展现个性与发展自我的一种标榜和主张。我国的奢侈品消费中充斥着贪欲、炫耀、挥霍与浪费。

中国人爱买名牌,全世界都知道,有人认为是收入提高之后的必然结果,亦有人认为是炫富心态在作祟。由于对名牌服饰认识上的扭曲,所以穿名牌已是"醉翁之意不在酒",人们追求名牌、穿着名牌失去了包装上的意义,误以为只要名牌在身,便可抬高身价。我们不能否认"名牌效应"的存在,如同"名人效应"一样。但只要认真观察一下就不难发现,所谓"名牌效应"并不那么令人满意。许多穿名牌者通过名牌追求一种高雅,却有时适得其反,变得俗不可耐。服装能给人以美的享受,因此穿着各种各样的衣服也是一种文化消费,而不是"标志"。名牌服装可显示富有、改变形象,但却不能替代人的文化素养,相反会让人更加俗气。

三、当代国人服饰消费心理分析

服饰是一个人的衣着外表,是一个人生活质量好坏的晴雨表。当一个人穿着时尚、大方,就能反映出这个人的精神、生活、工作面貌是积极向上的。一个群体的衣饰也可以代表一个时代、一个国家经济的好与不好。衣食足则知荣辱,每个时代经济的强弱不同,反映在人们衣着上也不尽然相同。服饰的发展往往与政治的变革、经济的发展有很大关系。从人们的服饰中可以反观一个时代的经济发展趋势。

新中国成立,旧的传统体制被打破,相应地,一些旧的生活方式也结束了,服装则首当其冲。新中国刚刚成立不久,穿旧式长袍、马褂的人已经很少了,代之而来的是一种新的时代风尚,社会风气变成以朴素为美。20世纪五六十年代,男装以中山装和中山装发展的体系为主,如人民装、军便装、青年装等,女装则以列宁装、女式两用衫及苏联大花布连衣裙等为主。这些服装除了朴素实用外,还表现了人们的革命热情。曾几何时,在几亿中国人的衣柜里,绿、蓝、黑、灰等几种颜色的衣服占据了绝对的"统治地位"。

20世纪80年代初,国门打开、观念变更,中国人重新打量自己的穿着,在自我怀疑的目光中,逐渐认同穿着打扮是没有阶级性的。中国人深埋几十年的爱美之心开始在服饰上得以释放。在改革开放最初的十年间,关于服装的每一个动作几乎都会产生"一石激起千层浪"的效果。有人说,是皮尔·卡丹揭开了中国服装的"红盖头"。

皮尔·卡丹是中国人最早见到的、世界性的名牌。在皮尔·卡丹先生来中国开办他的专卖店之前,中国人对名牌的感觉差不多像刚刚够填饱肚子的人对电脑的态度,采取的姿势是仰望、好奇,或者漠然。那时人们只在一些大饭店内设的商场部才能看到这个牌子,而大饭店并不是普通消费者日常的购买去处。从这个层面上看,"皮尔·卡丹"具有极强的符号意义,它普及了一点名牌的常识,在与皮尔·卡丹共同成长之中,人们嗅出了品位的力量。"名牌意识"的出现标志着中国人服饰商品观念的真正成熟。从20世纪90年代以来,名牌意识从无到有,迅速成熟。先是专卖店出现了,然后是名牌的观念形成。先是国外的、港台的,然后是内地的。随着市场经济的不断深入,人们重视品牌的意识也日益强烈。名牌的出现与普及,说明中国服饰市场真正走向了成熟,对于名牌的偏爱也体现出中国人服饰观中对质量与设计的日益重视。但相对于80年代简单质朴、不问青红皂白地模仿而言,这种成熟的购物观透露出的无疑是无穷无尽的消费欲望,在很多时候,对服饰名牌的追求已经演变成金钱与地位的较量。购买什么样的牌子,就标志着你属于哪一个等级。不同的牌子意味着不同的价格,一件普通的T恤,有的卖几十元,有的则要上千元,全看牌子是什么。

事实上,国人对"名牌"的意识并不是一蹴而就的,它的形成背景必定和国人的经济条件紧密相连。在国人从穿衣,到穿好衣,再到穿名牌衣的过程中,有一个当年风靡大江南北的"日本尿素裤"传奇经历。70年代初期布料十分缺乏,人们穿衣买布得凭布证。农村人没办法,只能用棉花纺线、染色上浆,晾干后上纺车一梭子一梭子织布做衣裤穿。自从1972年田中角荣访

华签订了中日上海联合公报之后,援助中国的日本尿素就大量涌入中国。也不知道最先是哪个聪明人想到了一个办法,把日本尿素的包装袋用剪子居中一裁,上缝纫机轧好收边做成裤子。这种裤子柔软轻飘,非常结实,据说比全毛哗叽都结实。今天看起来可笑至极的"尿素裤",当年没有点特殊关系,实在还穿不上。因为进口尿素极有限,一个公社分配下来得到的尿素袋,最后都被书记、队长、会计、保管员等人私分,染成黑色后做裤子穿,很滑溜,不起皱,软软颤颤风一吹呼噜噜的,很像丝绸也很有动感,质地细密不透水。

张贤亮的小说《青春期》中有一段这样的描述:"一次,她利用休假日将日本进口的尿素口袋拆开来当布料,缝制成小汗衫及裙子般的半长裤穿来上工,满身散发着尿似的骚味……""那时她穿着日本化肥袋做的半长裤在我眼中却非常滑稽,'日本'两个字正好缝在她屁股蛋上,一边是'日',一边是'本',但她连'日本'两个字都不认识,显然不是有意的。她做时装表演的时候我发现了'日本'而大笑,她却以为我笑的是她屁股,便停下来弯下腰把屁股朝我面前一撅,笑道:'你看你看你看!让你把女人的屁股蛋看个够!'于是'日本'在我眼前更大大地膨胀起来。"①

在资源匮乏的时代,"日本尿素裤"是国人的无奈之举。现在人们提到它,权当一个"段子"来听。今天,人们不仅穿上了衣服,而且追求穿名牌衣服。人们对名牌的谈论已经完全日常化了,它是没钱人的一块心病,是有钱人的生活细节,是媒体经常主动或者被动谈论的问题。

中国的改革开放政策让一部分人先富裕起来,随着中国经济体逐渐融入世界经济体系,名牌消费热潮也随之兴起。在国民经济经过大量生产到大量消费后,国人也开始了从"量"向"质"的消费追求的转变,也就是说在消费市场强调品质、品牌、品位的三合一。

人们之所以要去崇拜名牌,理由之一是名牌揭示了人与物之间存在的某种对应关系。人对物有寄寓,物对人有回报。这可能是名牌刚开始最想表现的、最积极的部分。名牌时装是服饰中一个特殊的部分。通常的情况是,名牌服饰的使用价值与它的价格之间存在着巨大的差距。为了令这种差异合法化、合理化,促使人们进行超价值的消费,名牌服饰往往通过媒体,采用特别的话语陈述来令大众接受其昂贵的价格。

事实上,所谓名牌,不过是一种抽象价值形式。从西方品牌发展史来

　　①张贤亮:《青春期》,作家出版社,2002年版,第114-115页。

看,品牌大概出现于1880年左右,取代了传统批发或零售商的名称,消费者开始以"品牌"来分辨不同商品背后所代表的不同生产制造厂商,而成为市场上区别商品品质的主要标志。但当这些大量生产的商品的实质差异越变越小时,原先强调作为"品质保证"的品牌便逐步发展成为强调"风格标示"的品牌。品牌原先所代表的产品信誉与商业信誉,更进一步抽象概念化,成为代表市场占有率与竞争力的"品牌知名度"与标榜生活风格的品牌态度。而随着市场全球化的脚步,品牌成为一种流通的国际语言,一种去物质化的抽象形式。于是,在"品牌抽象概念"领军的消费时代,消费者趋之若鹜购买的,与其说是商品物质本身,不如说是商品品牌的抽象形式。而"名牌"作为品牌中的品牌,往往首当其冲,成为人们消费的首选。

约翰·费斯克在他著名的《理解大众文化》中精辟地论述了品牌价值的建构。穿名牌服饰"是一种区隔行为,是一种在社会层面可以定位的口音,言说着一种共通的语言。它是在社会层面向高消费阶层的一种位移,是转向都市极其复杂状态,是趋向时髦与社会特殊性"。①在这样的名义下,普通的服饰与名牌之间形成了截然不同的对立。

我们身处一个被学者们称为"充满不确定性的时代",在一个日益信息不对称的市场,消费者倾向于选择名牌商品。名牌商品的好处就在于:第一节约了消费者在名目繁多的商品面前不断挑选所要花费的时间与精力,符合现代社会快节奏的特性;第二则是出于消费者的一种自我安全保护。很多消费者对"杂牌"的不信任感就在于杂牌的生命周期短,来得快去得也快。而名牌至少有几十年的时间积淀,经过了很多"前辈"的亲身体验,哪怕它比杂牌要贵,但至少物有所值。

超价值的欲望消费除了获得对物质无穷占有的快感外,更主要的是获得自我实现和社会尊重的借代性满足。这是超价值消费得以风行的主要原因。超价值消费的一种主要方式是对名牌产品的消费。说到底,消费名牌就是消费媒介,因为每一种名牌都通过当代媒介来广泛宣传自身,消费名牌的同时消费者也就获得了高档的价值证实,获得了自我宣扬和展示。消费名牌也就是消费文化,因为每一种名牌都以外在于产品的文化虚像遮蔽了实物本身,所以消费名牌的同时消费者也就获得了个体形象的完满。穿着名牌时装,就使消费者借代性地完成了自我形象乃至个性特征的设计,这种外在的物质的表征与个体内在的精神的消费满足融为一体时,消费者就当

当代服饰消费心理：炫耀富贵，迷恋名牌
DANGDAI FUSHI XIAOFEI XINLI: XUANYAO FUGUI,
MILIAN MINGPAI

① 〔美〕约翰·费斯克:《理解大众文化》,中央编译出版社,2001年版,第11—14页。

然地获得了一种极大的心理愉悦。

法国学者J.鲍德利亚在《消费社会》一书中谈到，现代社会的消费实际上已经超出实际需求的满足，变成了符号化的物品、符号化的服务所蕴含的"意义"消费，换句话来说就是，物质消费变成了精神消费。人们在购买某种商品或服务时主要不是为了它的实用价值，而是为了寻求某种"感觉"，体验某种"意境"，追求某种"意义"。

现代人的"衣"生活，是一个崇尚"名"的时代。大凡在衣领处缀有一块"名"的标牌，那么这件衣服肯定价值不菲。追逐名牌正是现代人生活中的游戏规则。名牌和非名牌的差异优势并不在实用功能上，而只是心理上的。挟名牌而自重正是人类心理的合理需求。而服饰中的名牌正是商战中的强者。这二者的微妙关系恰是刺激服装业的有效动力。服饰品牌与其设计师一道，成为服饰符号意义的一部分，更重要的是由此成为价值的标签。

然而在中国又出现了一种"假名牌"的现象。

自从中国国门打开，国外洋品牌纷纷进驻中国市场，国人的品牌意识大大增强，同时对名牌的崇敬之心也与日俱增。人人都希望自己在别人面前有光鲜靓丽的形象，然而动辄上万元的名牌商品，普通的工薪阶层哪里消费得起？此时，大量涌现的"假名牌"满足了人们日渐增长的虚荣心。

图122　假名牌

花上不高的价钱，买一副"大牌"的墨镜，或者一个印有奢侈品牌LOGO的包包，会让一些人觉得很划算，他们认为，买假名牌可以节省一大笔开支，而且身边的人未必能辨出真伪，更重要的是，这些奢侈的名牌能让人觉得很自信。

消费心理与消费能力的不对等，为假名牌的存在提供了生存空间。作为发展中国家，中国与发达国家相比，还没有进入成熟的消费社会，一些媒体广告把品牌效应吹捧得过于高大，使得人们的攀比欲和虚荣心不断膨胀，当其与支付能力严重不对等时，就会有相应的产品出现来替补这种需求。

四、全球化背景下的传统回归

我们正处在全球化时代，经济发展的相互依赖、大众传播的日益增强，使时间与空间的距离不断缩小。随着世界一体化程度的不断加深，事实证明越来越多的人会在他们熟悉的种族与文化中寻求庇护。作为文化体系下的一部分，服饰文化同样根植于每个特定的社会背景和特色鲜明的文化遗产之中，这一点在人类服饰文化的发展进程中尤为重要。

中国是一个"衣冠王国"，在五千年的文明发展史中，服饰风尚发生过很多次变化：夏商周时期上衣下裳、束发右衽的华夏传统服饰，春秋时期深衣的流行与胡服的借鉴，汉代传统冠服制的确立，魏晋南北朝时期多元服饰并存不悖，隋唐时期服饰制度上承下启，宋代理学思想让服装趋于保守，辽金元时期的服饰既采用汉人的礼服制度又具有本民族的特色，明代服饰沿袭唐宋元服制，清代满式服饰和之后外来的西洋服饰对近代服饰有较大影响。可见，服饰风尚会随着当时社会的政治、经济、文化的发展变化而相应发生着改变。但无论有多大的变化，中国的服饰文化在几千年的发展中，始终保持着一脉相承的传统。

近代社会，"中学为体、西学为用"在中国成为潮流观念，处于文化劣势的中国在学习、借鉴、模仿中渐行渐远，在服饰潮流上越来越"西化"。新中国成立后，我们在服饰的选择上又走进苏式西化。曾几何时，中国服饰的西式理想反映出的是时人的心态和社会环境，作为近代"新文化"的一部分，那一时代的服饰被永远地记入了史册。

20世纪80年代，改革开放政策的施行让中国渐次走入现代化。服饰风尚被作为一种新概念，在商业氛围的裹挟下逐步让现代中国人接受下来。时装工业的发达，消费产业的扩大，时尚在大众传媒的助推下成为俊男靓女们趋之若鹜的东西。在短暂的欣喜后，人们很快发现了服饰消费中的种种缺陷和弊端，炫耀财富，迷恋名牌，中国的服饰文化感到了无所适从的悲哀。百多年来我们已经习惯了自我否定，已经习惯了向西方寻求答案，但当

人们开始欣喜于经济上跻身世界先进行列时,转身发现我们在文化上很难与世界强国比肩,在自我服饰文化上也根本没有独立话语的表述能力。

现代的时尚其实脱离不开传统的影响,流行的短暂性容易让人误读时尚的昙花一现,真正的时尚是纷繁复杂、多种多样的,时尚中总有一些不变的东西,它是由于历史的不断沉淀而流传下来的。

当下,一些人在传统文化热潮渐渐兴起的背景下,开始推崇一种"新时尚",褒衣博带的汉服、典雅大方的唐装、花样风情的旗袍,以及蕴含着难以割舍的国人情怀的中山装,这些具有鲜明中国元素的服饰重新走入公众视野。这些风韵独到的"中国化时装"开始在世界时装舞台上流行开来。它们中国味十足,但是很难说清其来自于中国的具体哪个朝代。从整体上看,中国疆土广大,各地的风俗不同,衣着习惯也各异,所以中国的古代服饰基本上是多民族服饰特征相融合的产物,历经千年风雨,不断地继承、创新、发展、完善而形成。

美国学者本尼迪克特·安德森于《想象的共同体——民族主义的起源与散布》一书中最早提出了"想象的共同体"概念。安德森对"民族"做了这样的界定:"它是一种想象的政治共同体——并且,它是被想象为本质上有限的,同时也享有主权的共同体。"①这种"想象"不是凭空"臆想",而是把想象当成一种社会过程,贯穿于民族产生、发展、演变的过程始终。决定这种想象成为可能的因素有二:文化根源和民族意识。

中国传统服饰几千年的发展变化中,虽几经发展变化并一度缺失,而今回归国人视野,是有怎样的心理需求?个体得以建构起一种新的身份,取决于共同体成员以相似的文化品位为纽带的相互认同。在这一身份建构的过程中,人们通过相似的行为来确认自身的存在和意义,是另一种形式的身份认同和自我实现。

也许在现今中国寻找民族认同、实现文化自觉的时代大背景下,找寻中国传统服饰中的民族特色,凸显中国元素,穿出中国人的时尚风格,表达中国人的审美要求,才是当下中国服饰的话语诉求,也是当下国人的心理需求。

---

① 〔美〕安德森:《想象的共同体》,山东人民出版社,2011年版,第6页。

参考文献

［1］王维堤. 衣冠古国:中国服饰文化. 上海:上海古籍出版社,1991.

［2］段文杰. 段文杰敦煌石窟艺术论文集. 兰州:甘肃人民出版社,
1994.

［3］安毓英,金庚荣. 中国现代服装史. 北京:中国轻工业出版社,1999.

［4］吴东平. 色彩与中国人的生活. 北京:团结出版社,2000.

［5］张志春. 中国服饰文化. 第1卷. 中国纺织出版社,2001.

［6］〔美〕约翰·费斯克. 理解大众文化. 王晓珏,宋伟杰,译. 北京:中
央编译出版社,2001.

［7］汤献斌. 立体与平面:中西服饰文化比较. 北京:中国纺织出版社,
2002.

［8］岳永逸. 飘逝的罗衣:正在消失的服饰. 北京:中华工商联合出版
社,2003.

［9］王蕾,代小琳. 霓裳神话:媒体服饰话语研究. 北京:中央编译出版
社,2004.

［10］诸葛铠. 文明的轮回:中国服饰文化的历程. 北京:中国纺织出版
社,2007.

［11］黄强. 中国服饰画史. 天津:百花文艺出版社,2007.

［12］陈炎. 当代中国审美文化. 郑州:河南人民出版社,2008.

［13］陈志华,朱华. 中国服饰史. 北京:中国纺织出版社,2008.

［14］黄强. 中国内衣史. 北京:中国纺织出版社,2008.

［15］张志春. 中国服饰文化. 北京:中国纺织出版社,2009.

［16］吴欣. 中国消失的服饰. 济南:山东画报出版社,2010.

参考文献
CANKAO WENXIAN

后　记

　　作为"中华传统都市文化丛书"中的一本，接下本书的写作任务时，没有想到这项工作真不容易。面对多头的资料，细细整理出写作思路，把自己对服饰的理解和认知融入其中。历时两年，多次修改，成形的二十万字就在桌上的电脑里，等待着最后的修订。回头想想，写作此书前，服饰在我眼里，还停留在穿衣戴帽、得体搭配等浅层理解上，现在它是我们民族文化中的一个部分，正越来越被更多的人重视起来。

　　2014年3月有一条新闻，中国国家主席习近平和夫人彭丽媛，穿着特色鲜明的中式服装，出席外国政要为习近平举行的盛大国宴。这是习近平主席首次穿中式服装出席正式外交场合。有学者评论说，国家元首在出访行程中选择中式服装，是在全球面前展现中华文化的独特传承。几千年的中国文化，现在通过国家元首的服装凸显了独特的文化价值，这是最重要的表征，具有象征性的意义。

　　显然，服饰作为一种显性文化，被国人赋予了更多的价值和意义。从最初的蔽体御寒，到后来成为身份地位的象征，再到现在作为潮流时尚的风向标，以及实现民族认同、文化自觉的载体之一，服饰在我们日常生活中的意义和作用早已远远超出了其产生之初的范畴。我们在这里细细梳理服饰文化发展的脉络，就是希望把服饰话题重新拉回到各位的面前，在褒衣博带、行云流水的延续之中寻找逝去的美丽，实现本民族服饰文化的创新与发展。

王旸之

2015年3月